小角 X 射线散射
技术基础

程伟东 吴昭君 编著

黑龙江大学出版社
HEILONGJIANG UNIVERSITY PRESS
哈尔滨

图书在版编目（CIP）数据

小角 X 射线散射技术基础 / 程伟东，吴昭君编著． --
哈尔滨：黑龙江大学出版社，2023.6（2025.4 重印）
ISBN 978-7-5686-0961-6

Ⅰ．①小… Ⅱ．①程… ②吴… Ⅲ．① X 射线小角散射
分析 Ⅳ．① O657.39

中国国家版本馆 CIP 数据核字（2023）第 048913 号

小角 X 射线散射技术基础
XIAOJIAO X SHEXIAN SANSHE JISHU JICHU
程伟东　吴昭君　编著

责任编辑　李　卉
出版发行　黑龙江大学出版社
地　　址　哈尔滨市南岗区学府三道街 36 号
印　　刷　三河市金兆印刷装订有限公司
开　　本　720 毫米 ×1000 毫米　1/16
印　　张　15.75
字　　数　250 千
版　　次　2023 年 6 月第 1 版
印　　次　2025 年 4 月第 2 次印刷
书　　号　ISBN 978-7-5686-0961-6
定　　价　64.80 元

前　　言

随着同步辐射小角 X 射线散射技术的快速发展,利用同步辐射技术研究材料微观结构和性能之间的关系显得非常重要,应用的范围已经扩展到纳米材料、复杂流体、高分子材料、多相催化、生物大分子结构、离子电池电化学机理等研究领域。随着同步辐射新光源、探测成像技术、计算机技术的不断发展和进步,小角 X 射线散射技术也有了长足的进步。笔者从 2005 年开始从事小角 X 射线散射技术的理论研究和实验工作。本书致力于小角 X 射线散射基础知识和技术的补充与完善。

本书共分为 5 章。第 1 章阐述了同步辐射技术,主要介绍同步辐射的基本概念和国内现有的同步辐射装置;第 2 章阐述了小角 X 射线散射技术;第 3 章阐述了异常小角 X 射线散射技术;第 4 章阐述了掠入射小角 X 射线散射技术;第 5 章介绍了小角 X 射线散射技术在纳米材料中的应用,其中收录了笔者近年来的一些研究工作。

本书各章节的分工如下:程伟东第 4 章、第 5 章(共 15.5 万字),吴昭君第 1 章、第 2 章、第 3 章(共 8.5 万字)。同时,对于支持本书出版的黑龙江省自然科学基金项目 LH2019A025 和 2020 年度黑龙江省省属高等学校基本科研业务费项目 135509215 谨致谢意。对于黑龙江大学出版社以及支持本书出版并付出大量心血的李卉编辑谨致谢意。最后还要感谢我的学生王秀秀,在本书的编写中做了大量的翻译和文字工作。

由于时间比较仓促，加上编写者水平有限，尤其对于小角 X 射线散射的理解还不够深入，因此书中错误在所难免，希望各位同行、专家、学者多多批评指正，以期修改。

程伟东

2022 年 7 月于齐齐哈尔大学

目　录

第 1 章　同步辐射技术

1.1　同步辐射简介

同步辐射(synchrotron radiation,SR)通常是指速度接近于光速的带电粒子在磁场中改变运动方向时发出的电磁辐射,如图 1.1 所示。同步辐射的产生需要满足以下三个条件:(1)要有带电粒子,不一定是电子,也可以是其他带电荷的粒子;(2)带电粒子要是"相对论性"的,也就是要求带电粒子能量高,速度接近光速;(3)带电粒子的运动方向需要与电磁场有夹角。满足以上三个条件,就可以产生同步辐射了。

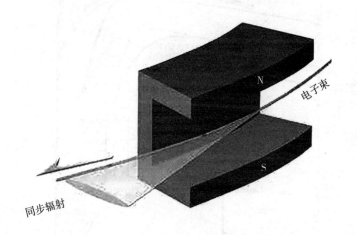

图 1.1　同步辐射原理图

　　1947 年,加速器物理学家 Floyd Haber 在研究室发现了同步辐射。因为它是在一台 70 MeV 的电子同步加速器上发现的,所以得到"同步加速器辐射"的名称,简称"同步辐射"。但最初同步辐射并不受加速器物理学家的欢迎,因为建造加速器的目的是使电子获得更高的能量,而同步辐射却把电子获得的能量以更高的速率辐射掉(电子每绕加速器一圈,辐射掉的能量正比于电子能量的 4 次方,即能量越高的电子辐射损失越快),同步辐射只能作为一种不可避免的现实被加速器物理学家和高能物理学家接受。不过固体物理学家对这种辐射相当感兴趣,即使在发现同步辐射的早期,就已经有人在构思它在非核物理中可能发挥的重要应用。

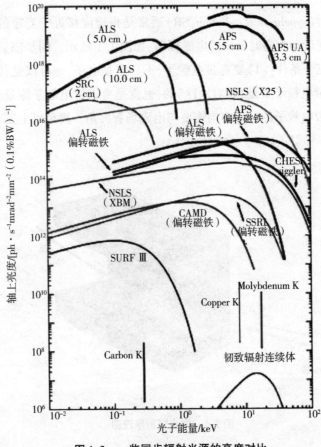

图 1.2　一些同步辐射光源的亮度对比

同步辐射有以下特点：同步辐射光源是有着连续谱分布的光源，是很准直的光源，是亮度很高的光源，是有着特定时间结构的脉冲光源，是偏振光。异常小角 X 射线散射在采谱的过程中，要求入射 X 射线光子能量在元素吸收边附近能量范围内连续可调，在较大的能量范围内只有同步辐射光能够保持较高的强度。严格的同步辐射光源亮度需要考虑径向发散度，比较复杂。我们可以将亮度理解为单位面积和单位时间内的光子数目。一般而言，同步辐射光源亮度越高，其信噪比就越大。图 1.2 为一些同步辐射光源的亮度对比。

同步辐射光源的主体是电子储存环，几十年来已经历了三代的发展。第一代同步辐射光源的电子储存环是为高能物理实验而设计的，是从偏转磁铁引出的同步辐射光，故又称"兼用光源"。第二代同步辐射光源的电子储存环则是专门为同步辐射光而设计的，主要从偏转磁铁引出同步辐射光。第三代同步辐射光源不需要满足高能物理实验要求的技术限制，因此可依据同步辐射应用研究的用户要求，在束流的能量、电流强度、发射度、光斑等方面进行优化，光源的性能得到了大幅度提高，光源亮度数量级达 $10^{15} \sim 10^{16}$。第一代、第二代同步辐射光源主要利用电子束经过加速器偏转磁铁发出同步辐射光；第三代同步辐射光源的电子储存环对电子束发射度和插入件进行了优化设计，使电子束发射度比第二代低得多，同步辐射光的亮度大大提高，如加入波荡器等插入件可引出高亮度、部分相干的准单色光。第四代同步辐射光源是为满足科学技术发展的新需求，将最新的插入件技术与加速器技术结合起来使光源性能获得飞跃性的提高，进一步降低发射度，提高光源的亮度和相干性，光源的平均亮度数量级可达到 $10^{20} \sim 10^{22}$（比第三代光源高 2~3 个数量级），如图 1.3 所示。

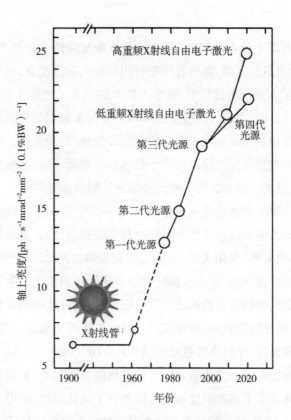

图 1.3   典型的同步辐射光源装置亮度

　　同步辐射光源的性能与插入件有着密切的关系。插入件是一种特殊的组合磁铁,根据不同的需要将方向相反的"磁极对"按照所设计的周期性结构顺序排列,沿束流运动方向产生周期性变化的磁场。当电子束经过这样的周期性磁场区时,会往复地、周期性地偏转方向,近似做正弦曲线的蛇行"扭摆"运动,电子束在扭摆偏转中发出同步辐射光,如图 1.4 所示。插入件的基本性能取决于以下物理参数:周期长度、磁间隙、峰值场强及偏转参数 K(表示电子束在不同偏转位置发出的同步辐射光相互重合的程度)。

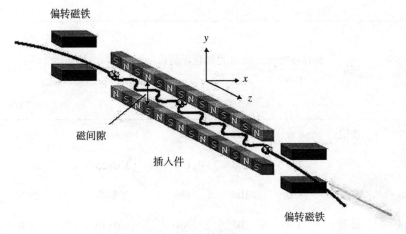

图 1.4　插入件的结构示意图

目前,世界上大约有 23 个国家和地区建有或将建 60 余个同步辐射装置,还有几十个在设计中。部分同步辐射装置性能见表 1-1。

表 1-1　部分同步辐射装置性能

装置	国家	储存环能量 /GeV	电流强度 /mA	储存环周长 /m	发射度(x,y) /(nm rad×pm rad)	亮度 /[ph·s⁻¹·mrad⁻²·mm⁻²·(0.1%BW⁻¹)]
BESSY Ⅱ	德国	1.7	100	240	6×100	$5×10^{18}$
ALS	美国	1.9	400	198	6.8×8	$3×10^{18}$
ELETTRA	意大利	2~2.4	320	260	7×70	10^{19}
SLS	瑞士	2.4	400	288	5×2.8	$4×10^{19}$
ANKA	德国	2.5	200	110	50×400	10^{18}
SOLEIL	法国	2.75	500	354	3.7×11	10^{20}
Diamond	英国	3.0	300	562	2.7×27	$3×10^{20}$

续表

装置	国家	储存环能量 /GeV	电流强度 /mA	储存环周长 /m	发射度(x,y) /(nm rad×pm rad)	亮度 /[ph · s^{-1} · mrad^{-2} · mm^{-2} · (0.1%BW^{-1})]
ESRF	法国	6.0	300	846	3.8×10	8×10^{20}
APS	美国	7.0	100	1104	3.0×25	8×10^{19}
SPring-8	日本	8.0	100	1436	2.8×6	2×10^{21}
PETRA-Ⅲ	德国	6.0	100	2304	1.0×10	2×10^{21}
Max-Ⅳ	瑞典	3.0	500	528	0.17×9	2.2×10^{21}
NSLS-Ⅱ	美国	3.0	500	792	0.6×8	3×10^{21}
BSRF	中国	2.5	200	240	80 nm rad	—
SSRF	中国	3.5	240	432	3.9 nm rad	—
NSRL	中国	0.8	300	66	40 nm rad	—
HEPS	中国	6.0	—	1360	0.06 nm rad	10^{22}

　　过去的十多年,我国在同步辐射光源建设上积累的经验与应用研究工作在部分领域已跻身国际先进水平之列,开创了我国在同步辐射领域可与国际先进水平竞争的良好局面。同步辐射已成为继 X 射线和激光之后的又一种重要光源。它在红外、真空紫外和 X 射线波段具有一系列优异的特性,因此在物理学、化学、生命科学、医学、材料科学、信息科学等科技领域得到了广泛的应用。

1.2　同步辐射经典理论

1.2.1　相对论电子辐射特征

首先,我们考虑相对论性粒子的辐射功率和光谱组成的角分布如何变化。相对论性粒子在非相对论运动条件下,其辐射功率的空间角分布像一个圆环体,如图 1.5 所示。当电子以相对论速度运动时,由于多普勒效应,这个圆环体扭曲为一个圆锥体,圆锥体的轴线和电子的速度方向平行。

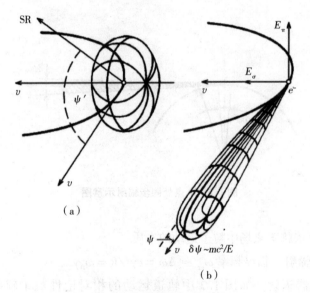

图 1.5　同步辐射角分布

(a)非相对论运动;(b)相对论运动

借助于相差公式,同步辐射的空间角 ψ 可以写为

$$\sin\psi = \frac{(1 - \beta^2)^{1/2}\sin\psi'}{1 + \beta\cos\psi'} \qquad (1\text{-}1)$$

其中,$\beta = v/c$,v 为电子速度,c 为光速。ψ' 为在电子静止坐标系下同步辐射光

与电子运动方向的空间角。

当 $\psi' = 2/\pi$ 时,得

$$\sin\psi \cong \delta\psi = (1 - \beta^2)^{1/2} = \frac{mc^2}{E} \tag{1-2}$$

此时同步辐射平行于电子的运动方向,并局限于细长圆锥体 $\delta\psi$ 内。

如图 1.6 所示,在 P 点处可以观察到同步辐射的短时脉冲。沿着辐射方向圆弧的有效长度 $l = R\delta\psi$,电子在这段距离的运动时间 $\tau' = l/c$,它等于同步辐射产生的连续时间。在 P 点处电磁波有延迟性,这个同步辐射脉冲时间为 $\Delta t = (1 - \beta \cdot n)\tau' \cong \tau'\gamma^{-2}$, $|n| = 1$。然而,同步辐射短时脉冲和窄频谱并不一致。众所周知对于无线电报,短信号总是有较宽的频谱。当波包到达 P 点时,光谱持续时间可近似表示为 $\Delta\omega \cdot \Delta t \cong 1$。光谱谐波中包括临界频率 $\omega_{\mathrm{cr}} \approx \Delta\omega = c\gamma^2/l$。

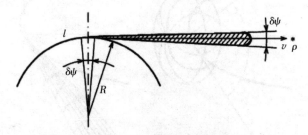

图 1.6 P 点处同步辐射示意图

频谱主要依赖于磁场中粒子运动的本质。

(1)同步辐射。临界频率 $\omega_{\mathrm{cr}} \approx \Delta\omega = c\gamma^3/R = \omega_0\gamma^3$。

(2)波荡器辐射。如图 1.7 中轨道运动的相对论性粒子辐射,有 $\Delta\omega = c\gamma^2/l_0$, l_0 为波荡器周期长度。

(3)短磁铁中的辐射。当 $\delta\psi \ll \gamma^{-1}$ 时,在此圆弧中电子运动的辐射频率范围为 0 到 $\omega_{\mathrm{cr}} = \beta c\gamma^2/l_0$。

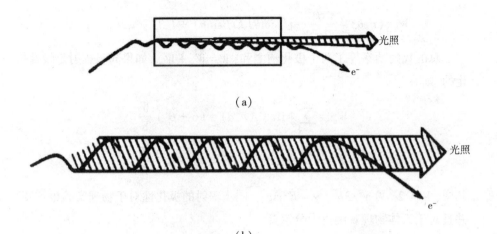

（a）

（b）

图 1.7　电子辐射图

（a）平面波荡器；（b）螺旋波荡器

1.2.2　辐射功率的角分布

在圆形轨道上以相对论运动的电荷，其辐射功率光谱角分布为

$$W = -\frac{\partial E}{\partial t} = \sum_{\nu=1}^{\infty} \oint \mathrm{d}\Omega W(\nu, \theta) \tag{1-3}$$

其中，$W(\nu, \theta) = \dfrac{e^2 c \beta^2 \nu^2}{2\pi R^2} [\cot^2\theta J_\nu^2(\nu\beta\sin\theta) + \beta^2 J_\nu'^2(\nu\beta\sin\theta)]$，$\nu$ 为辐射谐波数，J_ν 和 J_ν' 为贝塞尔函数及其导数，R 为圆形轨道半径。此公式也称为 Schott 公式，是非相对论电子辐射经典电动力学公式的精确解。

在同步辐射理论中，辐射的极化性能是非常重要的。对于线性极化辐射，先引入两个互相垂直的单位矢量 $\vec{e}_\sigma$ 和 $\vec{e}_\pi$，它们和波矢 $\vec{n}^0$ 互相正交，则有

$$\vec{n}_\sigma = \frac{\vec{n}^0 \times \vec{j}}{|\vec{n}^0 \times \vec{j}|}, \ \vec{e}_\pi = \vec{n}^0 \times \vec{e}_\sigma \tag{1-4}$$

同步辐射光是极化辐射，σ 和 π 是电辐射场中相互垂直的两个极化方向，则

$$W_{\sigma,\pi}(\nu,\theta) = \frac{e^2 c\beta^2\nu^2}{2\pi R^2}[l_\pi\cot\theta J_\nu(\nu\beta\sin\theta) + l_\sigma\beta J'_\nu(\nu\beta\sin\theta)]^2 \qquad (1-5)$$

总的辐射功率等于两个极化项之和：$W = W_\sigma + W_\pi$，如果同步辐射是线性极化的，则有

$$W_\sigma = \sum_{\nu=1}^{\infty}\oint d\Omega W_\sigma(\nu,\theta) = (6+\beta^2)\frac{W}{8}$$

$$W_\pi = \sum_{\nu=1}^{\infty}\oint d\Omega W_\pi(\nu,\theta) = (2-\beta^2)\frac{W}{8} \qquad (1-6)$$

其中，$W = 2e^2 c\beta^4\gamma^4/3R^2$，$\gamma = E/mc^2$。同步辐射的极化性对于物理实验很重要，并且对于天体物理观测也十分重要。

当电子以螺旋方式运动时，速度矢量的分量不仅垂直于磁场方向 $v_\perp = c\beta_\perp$，也平行于磁场方向 $v_{/\!/} = c\beta_{/\!/}$。因此，同步辐射功率不是恒值，通过洛伦兹变换，Schott 公式可改写为

$$W = \frac{e^2\omega^2}{c}\sum_{\nu=1}^{\infty}\nu^2\int_0^\pi \frac{\sin\theta d\theta}{(1-\beta_{/\!/}\cos\theta)^3}\left[l_\sigma\beta_\perp J'_\nu(x) + l_\pi\frac{\cos\theta-\beta_{/\!/}}{\sin\theta}J_\nu(x)\right]^2 \qquad (1-7)$$

其中，$x = \dfrac{\nu\beta_\perp\sin\theta}{1-\beta_{/\!/}\cos\theta}$。

同步辐射功率角分布的简化公式可改写为

$$W_i(\theta) = \sum_{\nu=1}^{\infty}W_i(\nu,\theta) = \frac{e^2 c\beta^4}{32\pi R^2}F_i(\theta)，i = \sigma,\pi \qquad (1-8)$$

其中，$F_\sigma(\theta) = \dfrac{4+3\beta^2\sin^2\theta}{(1-\beta^2\sin^2\theta)^{5/2}}$，$F_\pi(\theta) = \dfrac{\cos^2\theta(4+\beta^2\sin^2\theta)}{(1-\beta^2\sin^2\theta)^{7/2}}$。

设 $\theta = \pi/2 + \delta\psi$，分母可改写为 $1-\beta^2\sin^2\theta = 1-\beta^2\cos^2\delta\psi \cong 1-\beta^2+(\delta\psi)^2$，则 $\delta\psi \sim (1-\beta^2)^{1/2} = \gamma^{-1}$，可见辐射圆锥角是一个很小的量。

在超相对论电子辐射功率的角分布中，当 $1-\beta^2 \ll 1$ 时，变量 $\psi = \dfrac{\beta\cos\theta}{(1-\beta^2)^{1/2}} \cong \gamma\cos\theta$，则可以得到

$$W_i(\theta) = \frac{ce^2\beta^4\gamma^5}{32\pi R^2}\oint f_i(\psi)d\Omega$$

其中，

$$f_i = \frac{7}{(1+\psi^2)^{5/2}}l_\sigma^2 + \frac{5\psi^2}{(1+\psi^2)^{7/2}}l_\pi^2 + \frac{64\psi}{\pi\sqrt{3}(1+\psi^2)^3}l_\sigma l_\pi \qquad (1-9)$$

系数 i 的确定分三种情况: $i = \sigma(l_\sigma = 1, l_\pi = 0)$, $i = \pi(l_\sigma = 0, l_\pi = 1)$, $i = \pm 1$ $(l_\pi = l_\sigma = 1/\sqrt{2}, l_\pi = -l_\sigma = 1/\sqrt{2})$。

1.2.3 同步辐射功率的光谱分布

将公式(1-3)对角积分得

$$W(\nu) = \int_0^\pi \sin\theta \mathrm{d}\theta W(\nu, \theta)$$

$$= \frac{e^2 c\beta\nu}{R^2}\left[2\beta^2 J'_{2\nu}(2\nu\beta) - (1-\beta^2)\int_0^{2\nu\beta} J_{2\nu}(x)\,\mathrm{d}x\right] \qquad (1-10)$$

Schott 公式应用在同步辐射相关问题时遇到了困难,主要是在原子模型的背景下考虑辐射功率的光谱分布,即应用于微观运动,其中电子轨道的半径为玻尔轨道半径量级。当电子具有超相对论速度即 $1-\beta^2 \ll 1$ 时,同步辐射表现为宏观运动,一些同步辐射特征光谱组成并不能从这个公式推导出来。出现在贝塞尔函数中的谐波数 ν,在超相对论性粒子的宏观运动中值很大。

当获得了 Schott 公式的超相对论近似时,同步辐射研究就取得了真正的进展。这些近似公式是通过艾里函数和贝塞尔函数或 McDonald 函数的相关修正得到的。

贝塞尔函数近似为

$$J_n(x) = \frac{1}{2\pi}\int_{-\pi}^\pi \exp[\mathrm{i}(n\varphi - x\sin\varphi)]\,\mathrm{d}\varphi$$

其中, $n \gg 1$, $0 < x < 1$。当积分从 $-\infty$ 到 ∞ 时,则有

$$J_n(x) = \frac{1}{2\pi}\int_{-\infty}^\infty \exp\left\{\mathrm{i}\left[n\varphi - x\left(\varphi - \frac{\varphi^3}{6}\right)\right]\right\}\,\mathrm{d}\varphi$$

$$= \frac{1}{\sqrt{\pi}}\left(\frac{2}{n}\right)^{1/3}\Phi\left[\left(\frac{n}{2}\right)^{2/3}\varepsilon\right] \qquad (1-11)$$

其中, $\Phi(z) = \frac{1}{\sqrt{\pi}}\int_0^\infty \cos\left(zt + \frac{t^3}{3}\right)\mathrm{d}t$。

通过超相对论近似,同步辐射功率光谱角分布为

$$dW = \frac{2e^2\omega}{\pi\gamma^2}d\omega d\tau \left(\frac{\omega}{2\omega_c}\right)^{1/3}\left[\left(\frac{2\omega_c}{\omega}\right)^{2/3}\Phi'^2(z) + \tau^2\Phi^2(z)\right] \tag{1-12}$$

其中, $\omega_c = \omega_0\gamma^3$, $\tau = \gamma\psi$, $\psi = \gamma\cos\theta$, $z = \left(\frac{\omega}{2\omega_c}\right)^{2/3}(1 + \tau^2)$。

借助于准经典量子力学 Wentzel-Kramers-Brillouin(WKB)方法获得了另一种贝塞尔函数近似。通过 McDonald 函数 $K_{1/3}$,贝塞尔函数近似可表示为

$$J_n(x) = \frac{\sqrt{\varepsilon}}{\pi\sqrt{3}}K_{1/3}\left(\frac{n}{3}\varepsilon^{3/2}\right) , \varepsilon = 1 - \frac{x^2}{n^2}$$

则同步辐射功率光谱角分布变为

$$W_{\sigma,\pi}(\nu,\theta) = \frac{e^2c\beta^2\nu^2}{6\pi^3R^2}\left[l_\sigma\beta\varepsilon K_{2/3}\left(\frac{\nu}{3}\varepsilon^{3/2}\right) + l_\pi\cot\theta\sqrt{\varepsilon}K_{1/3}\left(\frac{\nu}{3}\varepsilon^{3/2}\right)\right]^2$$

$$\tag{1-13}$$

其中, $\varepsilon = 1 - \beta^2\sin^2\theta$, K 为 McDonald 函数。

在超相对论情况下,所有辐射主要集中在电子旋转的轨道平面附近,因此,轨道平面和辐射方向之间的夹角 ψ 为

$$\psi = \frac{\beta\cos\theta}{(1 - \beta^2)^{1/2}} = \frac{\cos\theta}{\sqrt{\varepsilon_0}}。$$

引入新的变量 y, $y = \frac{2\nu\varepsilon_0^{3/2}}{3}$,则有

$$W_{\sigma,\pi} = \frac{27}{16\pi^2}W^{cl}\int_0^\infty y^2 dy \int_{-\infty}^\infty d\psi \left[l_\sigma(1 + \psi^2)K_{2/3}(\eta) + l_\pi\psi\sqrt{1 + \psi^2}K_{1/3}(\eta)\right]^2$$

$$\tag{1-14}$$

其中, $W^{cl} = \frac{2e^2c}{3R^2}\gamma^4$, $\psi = \frac{\cos\theta}{\sqrt{\varepsilon_0}}$, $\varepsilon_0 = 1 - \beta^2$, $\eta = (y/2)(1 + \psi^2)^{3/2}$。

此时,线性极化强度由以下关系决定:

$$P = \frac{W_\sigma - W_\pi}{W_\sigma + W_\pi} = \frac{K_{2/3}^2(\eta) - [\psi^2/(1 + \psi^2)]K_{1/3}^2(\eta)}{K_{2/3}^2(\eta) + [\psi^2/(1 + \psi^2)]K_{1/3}^2(\eta)}。$$

对所有同步辐射偏振分量的角分布积分,得

$$W_{\sigma,\pi} = \frac{9\sqrt{3}}{16\pi}y\left[(l_\sigma^2 + l_\pi^2)\int_y^\infty K_{5/3}(x)dx + (l_\sigma^2 - l_\pi^2)K_{2/3}(y)\right] \tag{1-15}$$

对所有极化求和,同步辐射功率光谱分布为

$$W = W^{\mathrm{cl}} \int_0^\infty f(y)\,\mathrm{d}y \;,\; f(y) = \frac{9\sqrt{3}}{8\pi} y \int_y^\infty K_{5/3}(x)\,\mathrm{d}x \qquad (1\text{-}16)$$

其中,f 为归一化函数,$\int_0^\infty f\mathrm{d}y = 1$。

1.2.4　波荡器辐射

波荡器辐射(undulator radiation,UR)是带电粒子在周期外场中运动时发出的电磁辐射。波荡器辐射也是由于带电粒子在轨道偏转时的向心加速度而产生的,它和同步辐射的本质是一样的,只是在辐射路径的有效长度上有所不同。

波荡器有两种类型:平面波荡器和螺旋波荡器。在平面波荡器中,粒子运动的轨迹是在固定平面内的曲线。在螺旋波荡器中,粒子的运动轨迹是一个螺旋的空间曲线。在这两种情况下,电磁辐射沿着粒子的运动轨迹发射。

螺旋波荡器磁场遵循以下规律

$$H = \left(H_0 \sin \frac{2\pi z}{\lambda_0}, \; -H_0 \cos \frac{2\pi z}{\lambda_0}, 0 \right) \qquad (1\text{-}17)$$

在这个磁场中,电子以螺旋轨迹运动,则有

$$r = (R\cos\omega_0 t, R\sin\omega_0 t, \beta_{/\!/} ct)$$

其中,R 为螺旋轨迹半径,和粒子速度的垂直分量 $v_\perp = c\beta_\perp$ 相关,则有

$$R = \frac{c\beta_\perp}{\omega_0} \;,\; \beta_\perp = \frac{eH_0\lambda_0}{2\pi mc^2\gamma} \;,\; \omega_0 = \frac{2\pi c\beta_{/\!/}}{\lambda_0} \qquad (1\text{-}18)$$

其中,$\beta = (\beta_\perp{}^2 + \beta_{/\!/}{}^2)^{1/2}$。

波荡器的类型依赖于波荡器常数 K 的取值。

$$K = \frac{\gamma\beta_\perp}{\beta_{/\!/}} = \frac{\lambda_0\gamma}{2\pi R} = \frac{eH_0\lambda_0}{2\pi mc^2} \;,$$

则速度的平行分量 $c\beta_{/\!/}$ 表达式为

$$\beta_{/\!/} = \beta \left(1 - \frac{\beta_\perp{}^2}{\beta^2} \right)^{1/2} = \beta \left[1 - \left(\frac{K}{\gamma} \right)^2 \right]^{1/2} \qquad (1\text{-}19)$$

当 $K \leqslant 1$ 时,相当于波荡器模式;当 $K \geqslant 1$ 时,相当于扭摆器模式。图 1.8 为不同 K 值条件下波荡器辐射的光谱图,而同步辐射插入件主要分为扭摆器和

波荡器。扭摆器的磁场强度较大,周期较长,周期数较少。电子束进入扭摆器后,在不同极取向磁铁的强磁场作用下,做较大幅度近似正弦曲线的扭摆运动,小半径处所辐射的光子能量范围向高能量移动,从而达到增加高能量光子数的目的。波荡器的结构与扭摆器类似,但波荡器不注重提高辐射光子的特征能量,而主要用来增加辐射光子的数量。波荡器的磁铁磁场强度较低,周期较短,磁周期数较多(往往由几十个甚至上百个磁铁对组成),电子束进入波荡器后,往复偏转幅度较小,每个周期中发出的同步辐射光发生干涉现象(两列或几列光波在空间相遇时相互叠加,在某些区域始终加强,在另一些区域始终削弱,形成稳定的强弱分布),且主要集中在很小的锥角内。正由于干涉效应的影响,不同磁周期上产生的同步辐射光部分相干地叠加在一起,同步辐射光的亮度得到成百上千倍的增加。

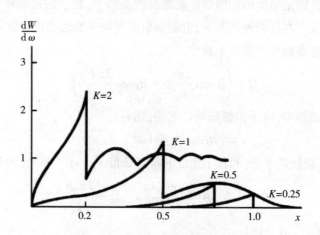

图 1.8　不同 K 值条件下波荡器辐射光谱图

辐射功率对于立体角的微分为

$$\frac{\mathrm{d}W_\nu}{\mathrm{d}\Omega} = \frac{e^2\omega^3\beta^2K^2}{2\pi c\gamma^2\nu\omega_0}\left[l_\sigma J'_\nu(x) + l_\pi\frac{\cos\theta - \beta_{/\!/}}{\beta_\perp\ \sin\theta}J_\nu(x)\right]^2 \qquad (1-20)$$

其中,$\omega = \dfrac{\nu\omega_0}{1 - \beta_{/\!/}\cos\theta}$,$x = \dfrac{\nu\beta_\perp\ \sin\theta}{1 - \beta_{/\!/}\cos\theta} = \dfrac{K\omega}{\gamma\omega_0}\sin\theta$。

波荡器辐射的频率由谐波组成,$\omega = \nu\omega_1$,$\omega_1 = \omega_0/(1 - \beta_{/\!/}\cos\theta)$。

波荡器辐射依赖于角 θ，由于频率的多普勒倍增效应，则有

$$\omega_1 = \frac{\omega_0}{1 - \beta_{/\!/} \cos\theta} = \frac{2\gamma^2\omega_0}{1 + K^2 + \gamma^2\theta^2}\,°$$

当波荡器辐射出现在波荡器轴线附近时，角 θ 是一个很小的量，则有

$$\frac{\mathrm{d}W_\nu}{\mathrm{d}\Omega} = \frac{e^2\omega^3\beta^2K^2}{2\pi c\gamma^2\nu\omega_0}J_\nu'^2(x)\left(l_\sigma + l_\pi\frac{1 + K^2 - \gamma^2\theta^2}{1 + K^2 + \gamma^2\theta^2}\right)^2 \qquad (1\text{-}21)$$

螺旋波荡器是一种较强的圆极化辐射源，平面波荡器具有辐射呈线性极化的极化特性。

如图 1.9 所示，螺旋波荡器产生的辐射功率角都集中在 $\theta = \theta_0 + \delta\theta$ 范围内，$\delta\theta \sim 1/\gamma$，$\sin\theta = K/\gamma$。

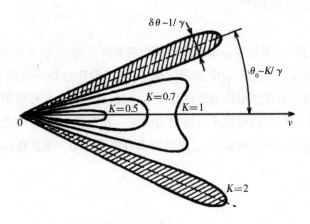

图 1.9　K 值不同时，不同波荡器辐射功率角分布图

波荡器的长度是有限的，波荡器长度可表示为 $L = N\lambda_0$，N 是周期数。有限长度的波荡器电子辐射总能量为

$$\frac{\mathrm{d}W^{\mathrm{UR}}}{\mathrm{d}\Omega\mathrm{d}\omega} = \frac{\beta^2e^2K^2N^2\omega^2}{\gamma^2c\omega_0^2}\left(\frac{\sin z}{z}\right)^2 J_\nu'^2(x) \times \left(l_\sigma + l_\pi\frac{1 + K^2 - \gamma^2\theta^2}{1 + K^2 + \gamma^2\theta^2}\right)^2 \qquad (1\text{-}22)$$

其中，$\omega_0 = 2\pi\beta_{/\!/}\dfrac{c}{\lambda_0}$，$z = N\pi\left(\dfrac{\omega}{\omega_1} - \nu\right)$。

当波荡器中电子产生的频率 $\omega = \omega_1$ 沿着波荡器轴向辐射时，其辐射功率对于立体角的微分为

$$\frac{dW^{UR}}{d\omega d\Omega}\Big|_{\substack{\omega_1 \\ \theta=0}} = \frac{2N^2e^2\gamma^2}{c}\left(\frac{K}{1+K^2}\right)^2,$$

其中，$\omega_1 = \dfrac{2\gamma^2\omega_0}{1+K^2}$。当 $K=1$ 时，波荡器为扭摆器，则

$$\frac{dW^{UR}_{max}}{d\omega d\Omega} = \frac{N^2e^2\gamma^2}{2c},$$

根据公式（1-14），同步辐射功率对于立体角的微分为

$$\frac{dW^{SR}_{max}}{d\omega d\Omega} \cong \frac{3e^2\gamma^2}{4\pi^2 c}。$$

可见，当波荡器周期数 $N \gg 1$ 时，波荡器辐射功率远大于同步辐射功率。

1.2.5 同步辐射的产生

在"短磁铁"型系统中运动的电子辐射具有许多特性，这些特性具有重要的实际和理论意义。在短磁铁中运动的电子，其运动轨迹是一段圆弧，这段圆弧足够小。当电子在任意结构的短磁铁中运动时，就会产生同步辐射。

如图 1.10 所示，假设电子以恒定速度在一条直线上运动，在外力作用下沿半径为 R、角度为 2α 的圆弧运动，之后再次沿直线运动。偏离角 α 很小，有 $\alpha \ll 1/\gamma = mc^2/E$。

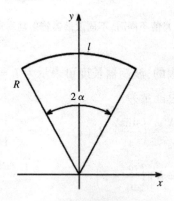

图 1.10　电子沿圆弧运动轨迹

应用经典电动力学理论,电子运动的总能量 ε 的光谱角分布为

$$\mathrm{d}\varepsilon = WTF\mathrm{d}q\mathrm{d}\Omega , \ F = F_\sigma + F_\pi , \ \mathrm{d}\Omega = \sin\theta\mathrm{d}\theta\mathrm{d}\varphi \qquad (1\text{-}23)$$

其中,$T = 2\alpha/\omega_0$,$q = \omega/\omega_0$,W 为同步辐射功率。

与同步辐射极化分量相关的函数可写为

$$F_{\sigma,\pi} = \frac{3}{16\pi^2\alpha\gamma^4}|f_{\sigma,\pi}|^2 \qquad (1\text{-}24)$$

这里,

$$f_\sigma = \int_{\varphi-\alpha}^{\varphi+\alpha} \frac{\cos x - \mu}{p^2(x)}\exp(-\mathrm{i}q\psi)\,\mathrm{d}x \ ,$$

$$f_\pi = \cos\theta\int_{\varphi-\alpha}^{\varphi+\alpha} \frac{\sin x}{p^2(x)}\exp(-\mathrm{i}q\psi)\,\mathrm{d}x \ ,$$

$$p(x) = 1 - \mu\cos x \ , \ \psi(x) = x - \mu\sin x \ , \ \mu = \beta\sin\theta \ , \ \gamma = E/mc^2 \ ,$$

其中,ω 为频率,θ,φ 标定了同步辐射传播方向。

公式(1-23)对频率和角度积分,得

$$W_{\sigma,\pi} = \varepsilon / T = \int_0^\infty \mathrm{d}q\oint\mathrm{d}\Omega F_{\sigma,\pi}$$

$$W_\sigma = \frac{6 + \beta^2}{8}W \ , \ W_\pi = \frac{2 - \beta^2}{8}W \qquad (1\text{-}25)$$

1.2.6　电子团簇的相干同步辐射

一个电子在均匀磁场中以角轨迹运动的辐射理论逐步发展为同步辐射的经典理论。在加速器和储存环中,有 $10^{12} \sim 10^{13}$ 个粒子同时发射电磁辐射,该经典理论已在实验中得到了验证。每个电子发出的电磁辐射波存在相互干涉现象,这会影响总辐射功率。

在整个轨道上均匀分布的电子产生的相干辐射功率可以用单电子辐射功率乘以相干因子得到

$$W_N(\nu) = S_N W(N)$$

$$S_N = N + \sum_{j=1,j'=1(j \neq j')}^{N} \cos[\nu(\psi_j - \psi_{j'})] \qquad (1\text{-}26)$$

其中,N 为电子数,$W(\nu)$ 为单电子辐射功率,ψ_j 为第 j 个电子的初始相位。如

果电子是无序分布的,则 $S_N = N$,并且辐射是相干的;如果电子是均匀分布的,则有

$$W = \sum_s W_s$$

$$W_s = \frac{e^2 c \beta N^3 s}{R^2} \left[2\beta^2 J'_{2sN}(2sN\beta) - (1 - \beta^2) \int_0^{2sN\beta} J_{2sN}(x)\,\mathrm{d}x \right] \qquad (1-27)$$

在非相对论近似($\beta \to 0$)中,只有单电子辐射峰($N = 1$),其他电子的辐射贡献可以忽略,则有

$$W_s \atop {\beta \to 0} = \frac{2e^2 c \beta^2 N^3 (N + 1)}{R^2 (2N + 1)(2N)!} (N\beta)^{2N}。$$

在另一个非相对论近似($1 - \beta^2 \ll 1$)中,

$$W_s = \frac{e^2 c \varepsilon_0 N^3 s}{\pi R^2 \sqrt{3}} (N\beta)^{2N} \int_\kappa^\infty K_{5/3}(x)\,\mathrm{d}x,$$

其中,$\kappa = \frac{2}{3} N s \varepsilon_0^{3/2}$。$\kappa$ 有两种极限情况:

(1)$\kappa \ll 1$,此时电子密度较小,对应着同步辐射光谱长波部分,$\nu = sN \ll \frac{3}{2} \varepsilon_0^{-3/2} = \frac{3}{2} \gamma^3$,则有

$$W_s = \frac{3^{2/3} e^2 c \Gamma(2/3) N^2 (sN)^{1/3}}{\pi R^2 \sqrt{3}}。$$

(2)电子密度 $N = \left(\frac{E}{mc^2} \right)^3$,此时对应着同步辐射光谱短波部分,则有

$$W_s = \frac{e^2 c \varepsilon_0^{1/4} N^3 \sqrt{sN}}{\sqrt{2\pi} R^2} \exp\left(- \frac{2}{3} s N \varepsilon_0^{3/2} \right)^{1/2}。$$

1.3 国内同步辐射实验装置现状

1.3.1 北京同步辐射装置(BSRF)

BSRF 是第一代同步辐射装置。1984 年,正在建造的北京正负电子对撞机

（BEPC）工程决定一机两用，同时开展同步辐射研究。当时的 BEPC 储存环的电子能量为 2.2 GeV，光束电流强度为 50~100 mA。1991 年，BSRF 对用户开放了 5 条束线，到 2003 年已经建成了 14 条光束线站。原同步辐射装置从 20 世纪 90 年代初建成一直运行到 2005 年底，2004 年启动 BEPC Ⅱ 工程的改造。在该阶段改造工作中，新建了 15 号实验大厅、1W2 永磁 wiggler 光源并引出了两条光束线与实验站（1W2A 小角散射线站和 1W2B 生物大分子晶体学线站）。BSRF 也对部分线站进行了改造升级，如 4B9A 衍射站、4B9B 光电子站、4W1A 形貌站以及 4W1B 荧光站等。BEPC Ⅱ 改造工程的目的是提高 BEPC 和 BSRF 的碰撞亮度。改造后的 BSRF 的主要参数中，电子能量提高到 2.5 GeV，电子束的束流强度提高到 300 mA。产生同步辐射的装置主要包括加速器、光束线、实验站三个部分。BSRF 实验站分布如图 1.11 所示。同步辐射对小角 X 射线散射这门新兴的科学技术发展与应用有着重要的影响。

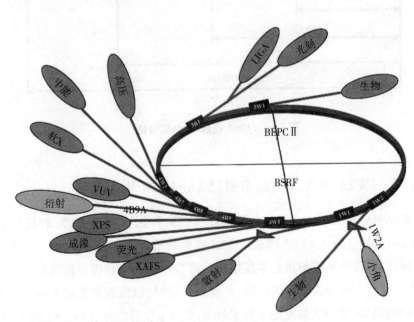

图 1.11　BSRF 实验站分布图

1.3.1.1　4B9A 衍射/小角实验站

4B9A 衍射/小角实验站可以进行常规小角 X 射线散射和异常小角 X 射线

散射实验。4B9A 束线光斑具有准直度高、发散度小的优点,可以满足高精度、高分辨率衍射和小角散射实验的要求。4B9A 同步辐射 X 光能量可调,束线能量范围在 4~15 keV 之间,其可用能量范围足以涵盖从 Ti 到 Br 的十余种元素的 K 吸收边和更多元素的 L 吸收边。4B9A 衍射/小角实验站的基本设备如图 1.12 所示。对于 0.1~100 nm 范围的颗粒大小、形状等信息则可以用小角 X 射线散射(SAXS)的方法予以分析。

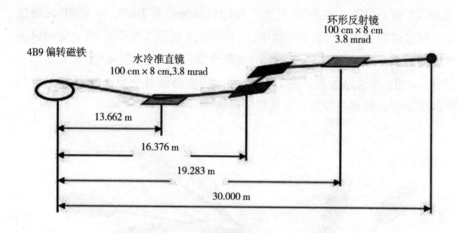

图 1.12 4B9A 衍射/小角实验站

1.3.1.2 1W2A 小角 X 射线散射(SAXS)实验站

1W2A SAXS 实验站可以进行常规 SAXS 和掠入射小角 X 射线散射(GISAXS)实验。图 1.13 为 1W2A SAXS 实验站示意图。SAXS 实验站由准直系统、试样架、真空系统和接收系统组成。准直系统用来获得发散度很小的平行光束。准直系统的狭缝越细越好,长度越长越好,以便获得发散度很小的光束。同步辐射 X 光源大幅度地节省了时间,提高了仪器的分辨率。同步辐射的波长连续可调,特别适合应用于各种能量 X 射线的研究。

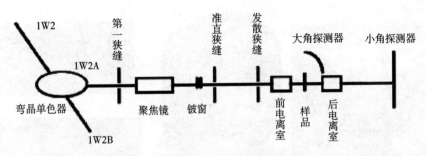

图 1.13　1W2A SAXS 实验站示意图

　　1W2A SAXS 实验站由于其小角相机的长度可调,因而具有多样化的特点。通常可选用的长度有 1.0 m、1.5 m、2.5 m、5.0 m,它们分别适用于不同种类样品的需求。1.0 m 的模式可测量的角度一般到 10°左右,适用于生物磷脂膜的相变过程研究或光子晶体的结晶过程研究;1.5 m 和 2.5 m 的模式属于常规小角的范围,可测量的粒度在 1~100 nm,对于大部分样品均适用,用户可根据自身样品的特点,优化选择两者之一;5.0 m 的模式属于超小角的范围,可测量的角度 $2\theta < 1°$,适用于薄膜样品的掠入射研究和高聚物结晶过程的研究。

　　除小角相机的长度有几种可选的模式之外,1W2A SASX 实验站还有三种探测器模式可选:二维 CCD 探测器、二维气体探测器以及一维气体探测器,如图 1.14 所示。最常用的是 CCD 探测器,型号为 Mar 165,探测圆面直径为 165 mm。它响应时间短,操作简单,可以进行时间分辨的连续采谱,其输出数据为二维 tiff 格式的图片,需要借助其他软件进行后续的数据转化。二维气体探测器型号为 Vantec-2000 XL,探测圆面直径为 200 mm,它的优点是暗电流为零,可以探测微弱的散射信号,如生物大分子蛋白溶液的散射。一维气体探测器分弧形和线形两种,型号分别为 Curved-200 和 Linear-150。这两个探测器可以组合成 SAXS/WAXS 探测,即小角/大角同时测量,大角度可以接近 90°,适用于研究同时存在长短周期变化的样品。

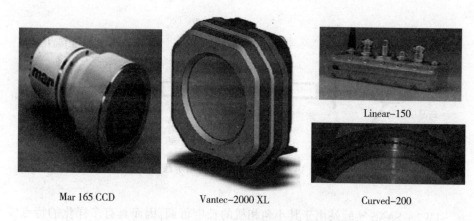

Mar 165 CCD　　　　　　Vantec-2000 XL　　　　　　Curved-200

Linear-150

图 1.14　1W2A SAXS 实验站探测器型号

1W2A SAXS 实验站的 GISAXS 实验模式已完成相关软件升级。目前, GISAXS 实验可以通过电脑控制三个方向的电机, 角度和位置准确, 误差均在允许范围内, 这大大方便了用户操作并节约了实验时间, 同时也提高了实验精度。

1.3.2　上海同步辐射装置(SSRF)

SSRF 是国内第一台中能第三代同步辐射光源, 包括一台 150 MeV 电子直线加速器、一台周长 180 m 的 3.5 GeV 增强器, 以及高能和低能输运线。电子直线加速器将电子束加速至 150 MeV, 经低能输运线注入增强器, 将电子束能量提高至 3.5 GeV, 经高能输运线注入电子储存环。电子储存环是一台周长 432 m 的闭合环形加速器, 用以储存 3.5 GeV 电子束的同步辐射光, 束流强度为 240 mA, 由注入、磁铁、高频、电源、真空、束测、插入件和控制等系统组成。储存环中的电子束沿着束流轨道循环运动, 在磁场作用下改变运动方向时释放同步辐射, 运动中电子束损失的能量则由高频系统予以补充。

1.3.2.1　BL16B1 小角散射线站

SSRF 小角散射线站可以提供的实验技术有 SAXS、WAXS、ASAXS、GISAXS, 以及时间分辨的 SAXS 技术。SAXS 技术可探测 1~240 nm 的空间尺度范围。图 1.15 为 BL16B1 小角散射线站光路图。实验站的主要应用领域如下:

（1）研究高分子材料内部的片晶、孔洞等缺陷的微结构,以及高分子材料加工过程中的结构演变。（2）研究高性能纤维材料内部的缺陷微结构以及在纺丝成型过程中的动态结构演变。（3）研究胶体系统、纳米颗粒、多孔材料中散射体的尺寸分布、界面层及分形结构。（4）研究金属合金中的颗粒或聚集态结构及冷热加工变形后的结构变化。

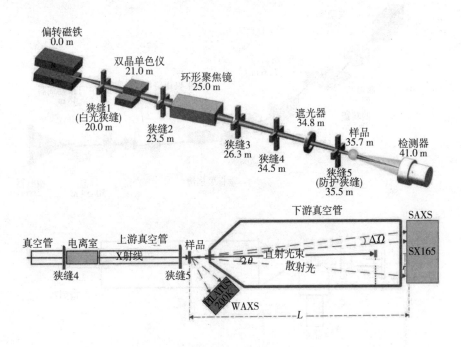

图 1.15　BL16B1 小角散射线站光路图

1.3.2.2　BL19U2 生物小角散射线站

近年来,随着同步辐射光源的应用与发展、分子生物学研究的不断深入以及针对生物样本散射信号数据分析算法的不断进步,从 SAXS 图谱分析蛋白质等生物大分子结构的计算方法不再局限于简单的一维结构参数量化,而是逐渐扩展到三维结构的数据模拟,因此使得 SAXS 检测技术成为其他微纳米级分辨率结构生物学检测技术的有效补充。面对日益增长的针对生物 X 射线小角散射（Bio SAXS）研究的迫切需求,位于 SSRF 的中国首条适用于生物溶液体系结构研究的 Bio SAXS 线站 BL19U2 于 2015 年 3 月正式通过国家验收,运行开放, 如图 1. 16 所示。BL19U2 线站以生物大分子在溶液状态下的结构、动态变化和 相互作用为主要研究方向,重点开展以时间分辨为主的动态过程研究工作,同 时兼顾聚合物、纳米材料等研究对象的 SAXS 实验需求。

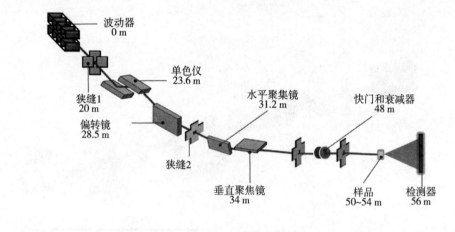

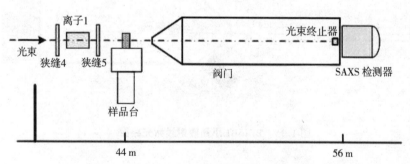

图 1. 16　BL19U2 小角散射线站

1.3.3　北京高能同步辐射光源(HEPS)

　　HEPS 是一台储存环周长为 1360. 4 m,电子能量为 6 GeV,发射度小于等于 0. 06 nm×rad 的高性能高能同步辐射光源。设施空间分辨能力达到 10 nm 量 级,具备单个纳米颗粒探测能力;能量分辨能力达到 1 MeV 量级;时间分辨达到

ps 量级,具备高重复频率的动态探测能力。HEPS 是适应科学热点向新兴学科和交叉学科转移需求的多学科创新研究与高新技术开发的先进公共平台。

粉光小角散射线站是一条插入件引出通量高、稳定可靠的通用型小角散射实验站,实验模式主要有常规小角、广角、小角/广角联测、掠入射小角等,如图1.17 所示。结合力学、变温、时间分辨等原位样品环境,开展多种特色的原位小角散射实验。能量范围为 8~12 keV,样品处通量为 10^{15} ph·s^{-1},样品处光斑尺寸为 500 μm×500 μm,能量分辨率为 1.5%。

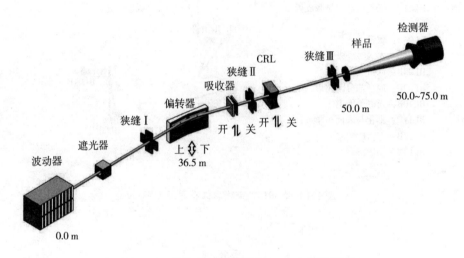

图 1.17 粉光小角散射线站 SAXS 束线示意图

1.3.4 国家同步辐射实验室(NSRL)

NSRL 拥有我国第一台自主建设的专用同步辐射光源,其优势能区为真空紫外和软 X 射线波段,主要面向先进功能材料、能源与环境、物质与生命科学交叉等领域的研究,为我国基础科学及基础应用科学提供先进的研究平台。主要设备包括 800 MeV 直线加速器、注入器和一个 800 MeV 电子储存环,注入束流强度为 300 mA。直线加速器总长为 76 m,储存环周长为 66 m,拥有 10 条光束线及实验站,包括 5 条插入件线站,分别为燃烧、软 X 射线成像、催化与表面科学、角分辨光电子能谱和原子与分子物理光束线实验站；还有 5 条弯铁线站，分别为红外谱学和显微成像、质谱、计量、光电子能谱、软 X 射线磁性圆二色及软 X 射线原位谱学光束线实验站，如图 1.18 所示。

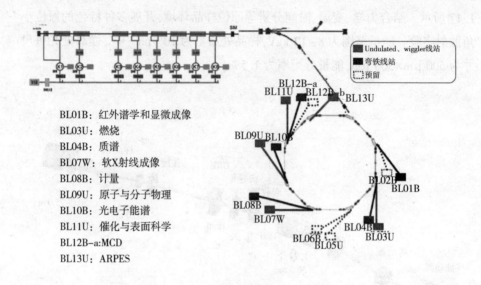

BL01B：红外谱学和显微成像
BL03U：燃烧
BL04B：质谱
BL07W：软 X 射线成像
BL08B：计量
BL09U：原子与分子物理
BL10B：光电子能谱
BL11U：催化与表面科学
BL12B-a:MCD
BL13U：ARPES

图 1.18　NSRL 光束线总体布局示意图

第 2 章　小角 X 射线散射技术

　　人类对自然界的认识是不断发展的。物质通常分为宏观和微观两个层次。通常人们把肉眼能看见的称为宏观物质,而把分子、原子等称为微观物质。介于宏观与微观之间还存在一种介观体系,从广义上讲,凡是出现量子相干现象的体系都统称为介观体系,包括微米、亚微米和纳米团簇尺寸范围。

　　纳米科学技术是 20 世纪 80 年代末期诞生并正在崛起的新科技,它能帮助人们在纳米尺寸($10^{-9} \sim 10^{-7}$ m)范围内认识和改造自然,通过直接操作和安排原子、分子创造新的物质。纳米材料是指尺寸限制在纳米尺度范围内的材料,一般分为纳米结构材料和纳米相/纳米粒子材料。前者是指凝聚的块体材料,由具有纳米尺寸的粒子构成;后者通常是指分散态的纳米粒子。新兴的纳米技术对人类思维方式产生了重大的影响。根据人类的意志和需要,精确地搬迁原子和分子,构筑新的纳米结构,这种对原子和分子的控制技术使人们的创新能力延伸到纳米尺度空间,推动了多个领域生产方式的变革,掀起 21 世纪的一次新的产业革命。

2.1　小角 X 射线散射简介

　　小角 X 射线散射(SAXS)技术是研究几百纳米尺度范围材料结构的基础手段之一。20 世纪 30 年代初期,人们在观察无定形态物质时,第一次观察到了小角散射现象。人们发现在入射光附近出现了连续的散射现象,并认为是物质内部存在的几纳米至几十纳米的不均匀区域产生的。

之后的半个世纪,人们研究了许多物质的小角 X 射线散射现象,指出材料内部电子密度的变化是产生 SAXS 的根本原因,由此建立和发展了 SAXS 理论,例如计算回转半径的 Guinier 近似定律、表征材料内部界面特性的 Porod 定律等。Kratky 还设计了新颖的狭缝系统用于光路准直,人们把它命名为 Kratky 光学系统,该系统可以消除小角散射系统中的寄生散射。现在,SAXS 技术已经渗透到材料科学、物理学、化学、生物学、医学、地质学、能源、环境等诸多领域,具体材料如合金、催化剂、高聚物、胶体、金属玻璃、生物大分子、陶瓷、离子电池电极材料等。

2.2 小角 X 射线散射原理

2.2.1 散射

X 射线、电子和中子衍射是材料结构分析的基础。虽然在以下的探讨中我们只研究 X 射线,但对于所有的研究结果只需做微小的修正就可以适用于电子和中子衍射。图 2.1 为 X 射线光子和物体相互作用产生散射,图中 $\rho(r)$ 是 r 位置的电子密度,$F(q)$ 是散射振幅,$I(q)$ 是散射强度。被物体散射的波相互干涉就产生了衍射。小角 X 射线散射信号来源于 X 射线照射体积内的电子密度起伏,即 $\Delta\rho(r) = \rho(r) - \rho_0$,$\rho_0$ 是 r 位置周围电子密度或基体电子密度。如果 $\Delta\rho(r) = 0$,则在 r 位置将不会出现小角散射信号。

当 X 射线照射到物体上时,物体中的每个电子就成为散射波的波源。当 X 射线光子能量大于原子的束缚能时,所有的电子近似成为自由电子(重原子在小角散射中没有作用)。由于所有的散射波有相同的散射强度,则 Thomson 公式为

$$I_e(\theta) = I_P \cdot 7.90 \times 10^{-26} \cdot \frac{1}{a^2} \cdot \frac{1 + \cos^2 2\theta}{2} \qquad (2-1)$$

其中,I_P 是入射光强度,a 是物体到探测位置的距离,数学常数是经典电子半径(e^2/mc^2)的平方。由于偏振的因素,散射强度几乎和散射角 2θ 无关,对于这里所研究的小角散射的所有问题,$\cos 2\theta$ 近似等于 1。由于接下来的所有公式都

要用到单电子散射强度 I_e,在这里约定被单电子散射的散射波的振幅和散射强度取数值 1。

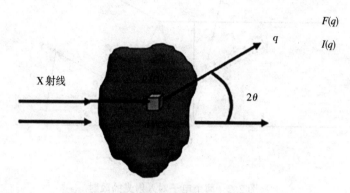

图 2.1　X 射线在物体中的散射

2.2.2　干涉

散射波是相干的,尽管非相干散射(康普顿散射)也会发生,但在笔者所研究的小角散射问题中是可以忽略的。相干性意味着振幅是相互叠加的,并且散射强度由振幅的绝对值的平方给出。振幅都是相等的(约定为 1),它们之间只是相位 φ 不同,而相位和电子在空间中的位置有关。可用复数形式 $e^{i\varphi}$ 表示散射波。相位 φ 等于 $2\pi/\lambda$ 和光程与某个任意参考点之间的光程差的乘积。

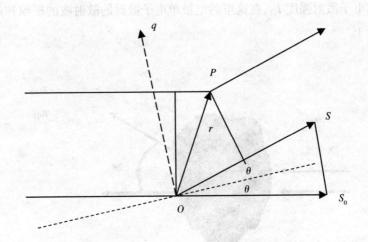

图 2.2　两个电子对入射光的散射

相位 φ 的计算由图 2.2 说明。入射方向上的单位矢量为 $\vec{S_0}$，散射方向的单位矢量为 $\vec{S}$。相对于原点 O 为矢量 $\vec{r}$ 的一点 P 的电子，它相对于原点 O 的光程差为 $-\vec{r} \cdot (\vec{S} - \vec{S_0})$，所以相位 $\varphi = -(2\pi/\lambda)\vec{r} \cdot (\vec{S} - \vec{S_0}) = -\vec{q} \cdot \vec{r}$。从图中可以看出，$(\vec{S} - \vec{S_0})$ 相对于入射光线和散射光线是对称的，$\vec{S} - \vec{S_0}$ 的大小为 $2\sin\theta$，θ 是散射角的一半。因此，矢量 $\vec{q}$ 和 $\vec{S} - \vec{S_0}$ 方向相同，大小为 $q = (4\pi/\lambda)\sin\theta$（在小角散射中 $\sin\theta$ 可以近似用 θ 代替）。

现在我们能够得到所有散射波的叠加振幅。但是，电子的数目是巨大的，并且每个电子不可能精确定位。我们首先介绍电子密度这个概念。定义电子密度 $\rho(\vec{r})$ 为每单位体积（cm^3）的电子数目。在点 $\vec{r}$ 处的体积元 dV 内的电子数目为 $\rho(\vec{r})\,dV$。所以总散射振幅可对入射 X 光线照射的整个体积 V 积分来得到

$$F(\vec{q}) = \iiint dV \cdot \rho(\vec{r})\, \mathrm{e}^{-i\vec{q} \cdot \vec{r}} \tag{2-2}$$

从数学上来讲，特定方向（$\vec{q}$）上的衍射振幅 $F(\vec{q})$ 是物体内电子密度分布的傅里叶变换。由公式（2-2）可知，散射强度 $I(\vec{q})$ 等于振幅绝对值的平方，即

等于振幅 F 和其共轭复数 F^* 的乘积

$$I(\vec{q}) = FF^* = \iiint dV_1 \cdot dV_2 \cdot \rho(\vec{r_1})\rho(\vec{r_2}) e^{-i\vec{q}(\vec{r_1}-\vec{r_2})} \qquad (2\text{-}3)$$

这是只和相对距离 $(\vec{r_1} - \vec{r_2})$ 有关的傅里叶积分。公式(2-3)的积分可分两步计算出来:先对有相等相对距离的所有点进行求和,然后对所有相对距离进行积分,包括对相因子。

第一步是对卷积平方或自相关的数学定义

$$\tilde{\rho}^2(\vec{r}) \equiv \iint dV_1 \rho(\vec{r_1})\rho(\vec{r_2}) \qquad (2\text{-}4)$$

其中, $\vec{r} = (\vec{r_1} - \vec{r_2}) = $ 常数 。这就是 Patterson 公式,广泛应用于结晶学。每个有相对距离 $\vec{r}$ 的电子对可用虚拟 C 空间的一个点来代替。这些点的密度由 $\tilde{\rho}^2(\vec{r})$ 给出。由于每对电子用 $\vec{r}$ 和 $-\vec{r}$ 计算了两次,在虚拟 C 空间中的分布一定是中心对称的。

第二步是对所有虚拟 C 空间积分

$$I(\vec{q}) = \iint dV \cdot \tilde{\rho}^2(\vec{r}) \cdot e^{-i\vec{q}\cdot\vec{r}} \qquad (2\text{-}5)$$

这又是傅里叶变换。在 $\vec{q}$ (或倒空间)中,强度的分布只由散射体的结构决定。相反, $\tilde{\rho}^2(\vec{r})$ 可从 $I(\vec{q})$ 的反傅里叶变换得到

$$\tilde{\rho}^2(\vec{r}) = \left(\frac{1}{2\pi}\right)^3 \iiint dq_x dq_y dq_z \cdot I(\vec{q}) \cdot e^{i\vec{q}\cdot\vec{r}} \qquad (2\text{-}6)$$

从公式(2-5)和(2-6)中我们可以得到一个一般性的结论:在正空间和倒置空间之间有交互性。它们只通过 $\vec{q} \cdot \vec{r}$ 相联系。当 $\vec{r}$ 增大时, $\vec{q}$ 减小。所以大粒子的衍射集中在小角区。

2.2.3　吸收

大多数的时候 X 射线照射到物体上都是透射的模式。样品、探测器和光束线都固定不动。

如图 2.3 所示,X 射线照射一个横截面积为 S、厚度为 t 的物体,在 X 射线

经过一段路程 x 后被散射,接下来散射的路程为 b。假设每个光子只被散射一次,则可忽略其多次散射。

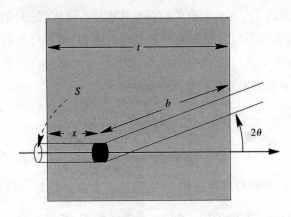

图 2.3 透射模式下的 X 射线吸收

X 射线在物体中运动的距离为 $l(t,2\theta) = x + b$。对 $x \in [0,t]$ 进行积分,则散射强度可表示为

$$I_t = I_0 S \int_0^t \exp[-\mu l(x)] \mathrm{d}x$$

$$= I_0 S \exp\left(-\frac{\mu t}{\cos 2\theta}\right) \frac{1 - \exp[-\mu t(1 - 1/\cos 2\theta)]}{\mu(1 - 1/\cos 2\theta)} \quad (2-7)$$

将公式(2-7)右边分子的指数用泰勒级数展开,则散射强度可改写为

$$I_t = I_0 S t \exp\left(-\frac{\mu t}{\cos 2\theta}\right) \quad (2-8)$$

已知 $St = V$ 是 X 射线辐照体积,当 I_t 有最大值时,有

$$t_{\text{opt}} = \frac{\cos 2\theta}{\mu} \quad (2-9)$$

其中, t_{opt} 是在透射条件下散射样品的最优厚度。在小角 X 射线散射条件下 $2\theta \sim 0$,得 $\cos 2\theta \sim 1$,此时散射强度为

$$I_t = I_0 S t \exp(-\mu t) \quad (2-10)$$

图 2.4 展示了散射强度随样品厚度的变化曲线,可见当样品厚度在 $0.5/\mu < t < 3/\mu$ 范围时,可以获得较好的散射强度信号。当最优样品厚度满

足关系 $\mu t_{opt}/\cos 2\theta = 1$ 时,则可以获得最强的散射信号。

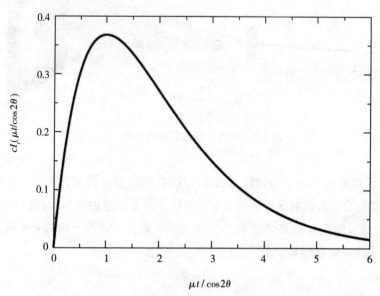

图 2.4　散射强度随样品厚度的变化曲线

2.2.4　小角 X 射线散射

SAXS 是指被研究的纳米材料在靠近 X 射线入射光束附近很小的角度内的散射现象。如图 2.5 所示,SAXS 一般情况下 2θ 在小于 5° 的范围内。2θ 超出 5° 的范围,则显示 X 射线的衍射信息。SAXS 是一种非常强大的技术手段用以确定散射粒子的尺寸、尺寸分布、形状和表面结构。此外,SAXS 也可以确定散射粒子间的相对位置,从而推导出相互作用势和状态方程。

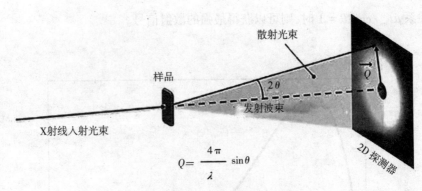

$$Q = \frac{4\pi}{\lambda} \sin\theta$$

图 2.5　小角 X 射线散射示意图

当粒子或凝胶内的不均匀区为纳米尺度时,散射强度限制在 1°~2°的范围内,这是典型的小角散射区域。图 2.6 为 SAXS 的不同散射体系,包括(a)单散系、(b)稀疏取向系、(c)多分散系、(d)稠密粒子系、(e)密度不均匀粒子系、(f)任意系和(g)长周期结构。

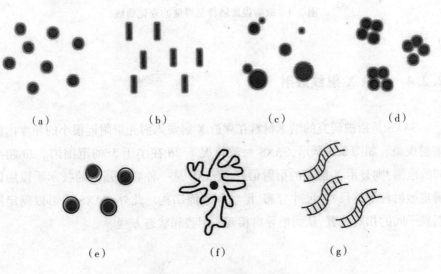

|(a)|(b)|(c)|(d)|
|(e)|(f)|(g)|

图 2.6　不同散射体系示意图

(a)单散系:由稀疏分散、随机取向、大小和形状一致且具有均匀电子云密度的粒子组成。

（b）稀疏取向系：由相同形状和大小、均匀的电子云密度且具有一致取向的颗粒构成。

（c）多分散系：由形状和电子云密度相同，但尺寸不同且随机取向的粒子构成。

（d）稠密粒子系：由大小、形状和电子云密度相同，随机取向且粒子间距很小的粒子构成。

（e）密度不均匀粒子系：由大小、形状相同，随机取向且稀疏分布的电子云密度不均匀的粒子构成。

（f）任意系：不包括上述几种体系，不能用颗粒概念来描述的有电子密度起伏的散射体。

（g）长周期结构：在高聚物和生物体中经常出现的由结晶区和非结晶区交替排列而形成的长周期结构。

SAXS 强度起源于散射体系中电子密度的变化，即散射粒子和基体之间的电子密度差 $\Delta\rho(r)$，而且 $I(q) \propto |\Delta\rho(r)|^2$，因此 SAXS 不能分辨散射粒子是实体粒子还是孔洞[孔洞的 $\Delta\rho(r)$ 小于 0]。图 2.7 为三种简化的纳米散射体结构模型，有单分散纳米粒子、分布于基体中的纳米复合材料和材料中的纳米孔洞。这三种散射体具有相近的 SAXS 强度，因此仅从 SAXS 图像不能具体区分出这三种散射体的形态和结构。

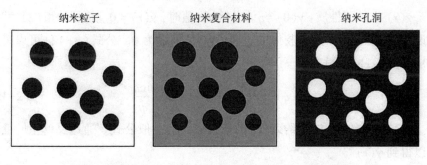

纳米粒子　　　　　纳米复合材料　　　　　纳米孔洞

图 2.7　纳米粒子、纳米复合材料和纳米孔洞的结构模型

接下来介绍两个在大多数实验中都会遇到的约束条件，它将会大大简化我们所研究的问题：

（1）系统是各向同性的，这使得结构、性质或者某些变化（如粒子的旋转）不产生差异。

（2）系统非长程有序，这意味着相隔较远的两点没有任何相关性。

根据约束（1），取遍 $\vec{r}$ 的所有方向，则位相因子 $e^{-i\vec{q}\cdot\vec{r}}$ 的平均值可用 Deybe 基本公式表示成

$$\langle e^{-i\vec{q}\cdot\vec{r}} \rangle = \frac{\sin qr}{qr} \tag{2-11}$$

应用公式（2-5），则有

$$I(q) = \int 4\pi r^2 \mathrm{d}r \cdot \tilde{\rho}^2(\vec{r}) \frac{\sin qr}{qr} \tag{2-12}$$

根据约束（2），在 $\vec{r}$ 为大值时，电子密度就可以用平均值 $\bar{\rho}$ 代替。公式（2-4）定义的自相关函数就趋于一个常数值 $V\bar{\rho}^2$。用电子密度波动 $\eta = \rho - \bar{\rho}$ 代替密度 ρ，自相关函数（2-4）改写为

$$\tilde{\eta}^2 = \tilde{\rho}^2 - V\bar{\rho}^2 = V \cdot \gamma(r) \tag{2-13}$$

通过比较公式（2-4）和（2-13），$\gamma(r)$ 可以解释为相距 r 的两个电子密度波动的乘积的平均值

$$\gamma(r) = \langle \eta(\vec{r_1})\eta(\vec{r_2}) \rangle$$

$$r = |\vec{r_1} - \vec{r_2}| = 常数 \tag{2-14}$$

$\gamma(r)$ 有如下性质：$\gamma(0) = \overline{\eta^2}$；当 r 为大值时，$\gamma(r) = 0$。根据约束（2），我们假设在有限的范围内（如胶体的直径）$\gamma(r)$ 可以为 0。公式（2-12）可以采用 Debye - Bueche 形式

$$I(q) = V\int_0^\infty 4\pi r^2 \mathrm{d}r \cdot \gamma(r) \frac{\sin qr}{qr} \tag{2-15}$$

这是服从约束（1）和约束（2）的衍射系统的一般公式。通过反博里叶变换可以得到 $\gamma(r)$

$$V\gamma(r) = \frac{1}{2\pi^2}\int_0^\infty q^2 \mathrm{d}q \cdot I(q) \frac{\sin qr}{qr} \tag{2-16}$$

公式（2-15）和（2-16）对于解决接下来的问题非常重要。先来得出一般性的结论：当 $q = 0$，$r = 0$，Debye 因子值为 1 时，则有

$$I(0) = V \int_0^\infty 4\pi r^2 dr \cdot \gamma(r) \tag{2-17}$$

$$V\gamma(0) = \frac{1}{2\pi^2} \int_0^\infty q^2 dq \cdot I(q) = V\overline{\eta^2} \tag{2-18}$$

公式(2-17)的意义需要加以讨论。在 $q=0$ 时,所有的散射波相位相同,我们希望 $I(0)$ 等于照射体积 V 中全部电子数目的平方。然而,$I(0)$ 的值是不可能观察到的,它只能由外推得到,而不能作为一个可测量值。

公式(2-18)说明了对倒空间的散射强度的积分与电子密度的均方波动有关,而与结构的空间特性无关。例如,系统被改变或变形,衍射图像也许会相应改变,但公式(2-18)中的积分却不变

$$Q = \int_0^\infty q^2 dq \cdot I(q) \tag{2-19}$$

由于这个特性,积分不变量将有很重要的作用。

图 2.8 是多分散球体的模拟 SAXS 强度。散射强度一般可以分成两部分:一部分是形状因子,提供单个散射粒子的尺寸、形状等信息;另一部分是结构因子,提供散射粒子之间的位置相关性信息。图中实线为 SAXS 绝对强度曲线,点划线是形状因子信息,短划线是结构因子信息。

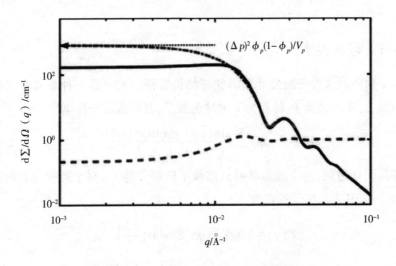

图 2.8　多分散球体的模拟 SAXS 强度

我们可以定量计算一个纳米粒子形状因子的振幅 $F(q)$

$$F(q) = \int_V \Delta\rho(r)\, e^{-iqr} dr \tag{2-20}$$

则形状因子为

$$P(q) = \langle\, |F(q)|^2 \rangle \tag{2-21}$$

随着散射粒子浓度的升高，粒子间的相对距离不再是随机的，则具有 N 个粒子的散射强度可改写为

$$I(q) = \frac{1}{N} P(q) \left| \sum_{i=1}^{N} e^{-iqr_i} \right|^2 \tag{2-22}$$

所有粒子的位相因子绝对值平方之和定义为结构因子，即

$$S(q) = \frac{1}{N} \left| \sum_{i=1}^{N} e^{-iqr_i} \right|^2 \tag{2-23}$$

$$S(q) = 1 + \frac{1}{N} \left\langle \sum_{i=1}^{N} \sum_{j \neq 1}^{N} e^{-iq(r_i - r_j)} \right\rangle = 1 + i(q) \tag{2-24}$$

其中，$i(q)$ 为干涉函数。此时总散射强度可以简化为

$$I(q) = P(q)S(q) \tag{2-25}$$

2.2.5　形状因子和结构因子

2.2.5.1　形状因子

对于判断纳米粒子的尺寸和形状等结构特征，SAXS 是一种非常有用的手段。例如，对于半径为 R、体积为 V 的球形粒子，其形状因子振幅为

$$F(q) = \Delta\rho V \frac{3\left[\sin(qR) - qR\cos(qR)\right]}{(qR)^3} \tag{2-26}$$

由于各向同性散射，这个球形散射只依赖于散射矢量 q。对于高度为 L 的圆柱状散射粒子，其形状因子振幅为

$$F(q) = 2\Delta\rho V J_1(q_{/\!/} R)\, \mathrm{sinc}\left(\frac{q_z L}{2}\right) \tag{2-27}$$

其中，J_1 是一阶贝塞尔函数，$\mathrm{sinc} = \sin(x)/x$，$q_{/\!/} = \sqrt{q_x^2 + q_y^2}$，由于圆柱状粒子是各向异性的，所以其径向和轴向的散射是不同的。

然而,在任何一种情况下,形状因子的定义为

$$P(q) = \int n(r) \langle \mid F(q,R) \mid^2 \rangle \mathrm{d}R \tag{2-28}$$

其中,R 为半径或者多面体粒子的边长,$n(r)$ 为粒子分布函数,则有 $\int n(r)\mathrm{d}R = 1$。因此要从散射数据中拟合形状因子,需要知道形状因子振幅函数 $\vec{F}(q,R)$ 和粒子分布函数 $n(r)$。$\vec{F}(q,R)$ 可以用球形粒子来替代,而 $n(r)$ 需要用模型法来假设其函数形式。通常,用 Schultz–Zimm 分布函数来替代 $n(r)$,则

$$n(r) = \frac{\left(\dfrac{z+1}{R_0}\right)^{z+1} R^z}{\Gamma(z+1)} \exp\left(-\frac{z+1}{R_0}R\right) \tag{2-29}$$

图 2.9 展示了以多分散度为函数的形状因子散射的变化。由图可以看出,随着粒子尺寸多分散性的增加,高角部分形状因子共振曲线逐渐减小并消失。Log–normal 分布函数和 Gaussian 分布函数也是经常被选择的函数。需要注意的是,有时候散射粒子的尺寸分布函数比较难计算,是由于在高角部分的散射强度比较弱,尤其对于较小尺寸的散射粒子。

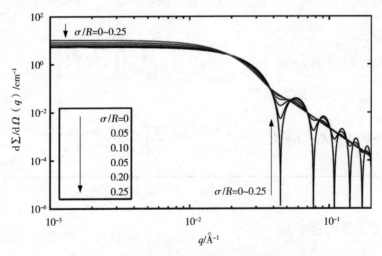

图 2.9 不同分散度下球形粒子的形状因子散射

表 2-1 列举了几种典型几何结构散射体的形状因子公式。

表 2-1　几种典型几何结构散射体的形状因子公式

几何结构	形状因子 $P(q)$
球形:半径 R	$\left\{\dfrac{3\left[\sin(qR)-qR\cos(qR)\right]}{(qR)^3}\right\}^2 = A_{\mathrm{sph}}^2(qR)$
空心球:外径 R_1,内径 R_2	$\dfrac{\left[R_1^3 A_{\mathrm{sph}}(qR_1) - R_2^3 A_{\mathrm{sph}}(qR_2)\right]^2}{(R_1^3 - R_2^3)^2}$
三轴椭球体:半轴 a,b,c	$\displaystyle\int_0^1\int_1^1 A_{\mathrm{sph}}(qR)\,\mathrm{d}x\mathrm{d}y$,其中 $R = \sqrt{\left[a^2\cos^2(\pi x/2) + b^2\sin^2(\pi x/2)\right](1-\gamma^2) + c^2\gamma^2}$
圆柱体:半径 R,高 L	$\displaystyle\int_0^1\left[\dfrac{2J_1(qR\sqrt{1-x^2})}{qR\sqrt{1-x^2}}\dfrac{\sin(qLx/2)}{qLx/2}\right]^2\mathrm{d}x$
圆盘:半径 R,厚 $L \ll 2R$	$\dfrac{2}{(qR)^2}\left[1-\dfrac{J_1(qR)}{qR}\right]$
长棒状:半径 R,长 $L \gg 2R$	$\dfrac{2}{qL}\displaystyle\int_0^{qL}\dfrac{\sin t}{t}\mathrm{d}t - \dfrac{\sin(qL/2)}{qL/2}$

2.2.5.2　结构因子

结构因子可以确定散射粒子系统的组织结构。在计算非单分散球体的散射粒子结构因子的过程中,困难主要来自于形状因子和结构因子之间的退耦合。在一个随机取向、均匀分布的粒子系统中,各向同性的结构因子可以通过

径向分布函数或对分布函数得到

$$S(q) = 1 + n_p \int [g(r) - 1](4\pi r^2) \frac{\sin qr}{qr} dr \qquad (2-30)$$

其中，n_p 为散射粒子数密度。对结构因子进行傅里叶逆变换得到对分布函数

$$g(r) = 1 + \frac{1}{2\pi^2 n_p} \int [S(q) - 1] q^2 \frac{\sin qr}{qr} dq \qquad (2-31)$$

图 2.10 展示了 DNA-AuNP 二元纳米粒子超晶格的形状因子、结构因子和对分布函数。如图 2.10(a) 所示，曲线 1 为 SAXS 强度曲线，曲线 2 为计算得出的形状因子。图 2.10(b) 是根据散射强度数据计算出的结构因子 $S(q)$，实线为其数据拟合。图 2.10(c) 是根据结构因子计算得到的差值对分布函数 $g(r)$。

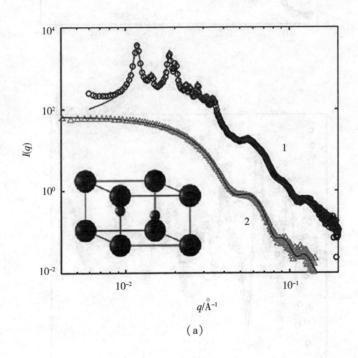

(a)

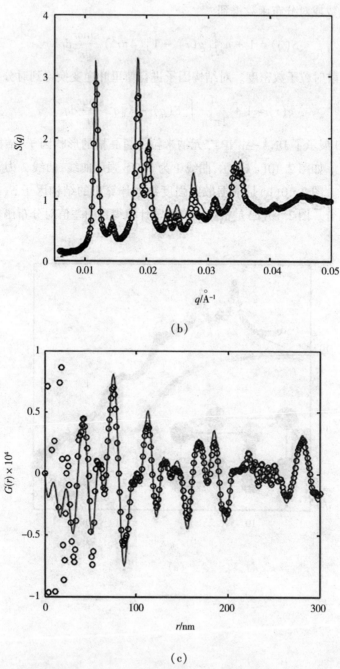

（b）

（c）

图 2.10 DNA-AuNP 的形状因子、结构因子和对分布函数

2.2.6 粒子散射

2.2.6.1 单粒子系统

假设有一种稀释的溶液,该溶液中含有电子密度为 ρ 的粒子(溶质),稀疏地分散在电子密度为 ρ_0 的溶剂中,它们的电子密度差 $\Delta\rho = (\rho - \rho_0)$ 并与衍射有关。如果粒子彼此间相距足够远,可以认为它们各自独立地作用于衍射强度,而忽略粒子间散射的互相干涉,将整个散射强度看作 N 个独立粒子的散射之和,因此我们只需要考虑单个粒子的散射。

最简单的例子是球对称的球形粒子的散射。由于空间中所有方向都是等价的,所以能够很方便地计算它的振幅,再对振幅求平方就可求出散射强度。这一过程就是原子结构因子的计算。具有相同电子密度的球对称球形粒子(半径 R_0,体积 V)的散射强度为

$$I_1(q) = (\Delta\rho)^2 V^2 \left[3 \frac{\sin qR_0 - qR_0\cos qR_0}{(qR_0)^3} \right]^2 \tag{2-32}$$

图 2.11 为球形粒子的散射强度。当 $q = 0$ 时,所有的散射波相位相同,并且简单地相互叠加。只有相对于粒子周围的电子密度差才有效,所以振幅等于电子密度差的数目 (Δn_e)。

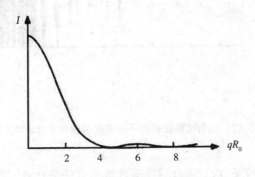

图 2.11 球形粒子的散射强度

下式对于任何大小和形状的粒子都适用

$$单粒子\ I_1(0) = (\Delta\rho)^2 V^2 = (\Delta n_e)^2 \tag{2-33}$$

如图 2.12 所示,散射粒子为均匀的球形,图 2.12(a)为球形粒子的密度函数,图 2.12(b)为通过公式(2-32)得到的 SAXS 计算强度。图中有两种半径的均匀散射球体,散射强度具有明显的球形散射共振特征峰。通过第一个共振峰波谷的位置可以计算出散射球体的半径,曲线 1 的球体半径为 250 Å,曲线 2 的球体半径为 200 Å。

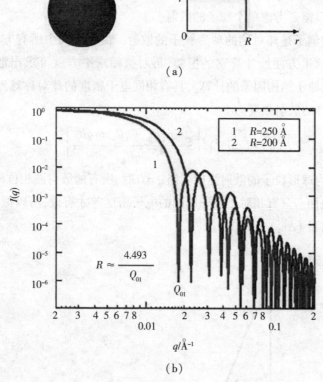

(a)

(b)

图 2.12　均匀球形散射粒子的密度函数和 SAXS 计算强度

对于非球形粒子,散射强度只能通过数学方法来计算。计算一些特殊对称形式粒子的散射强度也是很方便的。例如,对于中心对称的粒子,可以简化振幅的计算。相因子 $\mathrm{e}^{-i\vec{q}\cdot\vec{r}}$ 可用 $\cos\vec{q}\cdot\vec{r}$ 代替

取向粒子 $\qquad F_1(\vec{q}) = (\Delta\rho)\displaystyle\int \mathrm{d}V \cdot \cos\vec{q} \cdot \vec{r}$

$$I_1(\vec{q}) = F^2 \qquad\qquad (2-34)$$

其中,积分是对粒子的整个体积。通过 F^2 对所有方向取平均值可得到散射强度。

2.2.6.2 Guinier 近似

1939 年,Guinier 给出了所有粒子相对于其中心部分具有的一个一般性的近似

$$I_1(q) = (\Delta n_e)^2 e^{-q^2 R^2/3} \qquad\qquad (2-35)$$

唯一的参数 R 称为"回转半径"。它定义为相对于重心的均方距离,这里电子扮演质量的角色。

Guinier 近似公式推导如下:我们考虑公式(2-34)取向粒子的振幅。三角函数 $\cos\vec{q} \cdot \vec{r}$ 展开为幂级数 $\langle 1 - (\vec{q} \cdot \vec{r})^2/2 + \cdots \rangle$。体积积分转变为 $V\langle 1 - (\vec{q} \cdot \vec{r})^2/2 + \cdots \rangle$,这里 $\vec{r}$ 取遍整个体积。在笛卡儿坐标系中,有 $\vec{q} \cdot \vec{r} = q(x\alpha + y\beta + z\gamma)$。如果质量中心取作原点,在平方和取平均的过程中,交叉项(如 $\overline{xy}$)就可以忽略。所以我们得到 $\langle (\vec{q} \cdot \vec{r})^2 \rangle = q^2(\overline{x^2}\alpha^2 + \overline{y^2}\beta^2 + \overline{z^2}\gamma^2)$。

将它带入到幂级数中,振幅平方后得到散射强度,最后对所有方向取平均

$$I_1(q) = (\Delta\rho)^2 V^2 \langle 1 - q^2\langle \overline{x^2}\alpha^2 + \overline{y^2}\beta^2 + \overline{z^2}\gamma^2 \rangle + \cdots \rangle$$

$$= (\Delta n_e)^2 \cdot \left(1 - q^2\frac{\overline{r^2}}{3} + \cdots \right) \qquad\qquad (2-36)$$

利用 $\langle \alpha^2 \rangle = \langle \beta^2 \rangle = \langle \gamma^2 \rangle = 1/3$ 和 $\overline{r^2} = (\overline{x^2} + \overline{y^2} + \overline{z^2})$,不管粒子的形状和对称性,Guinier 近似中幂级数都只取到 q^2 项。高次项 $\overline{r^4}$,$\overline{r^6}$,……由粒子本身的一些特性决定,一般并不符合 Guinier 近似。推导过程忽略了 q 的高次项,它只适用于 q 值较小的情况。Guinier 近似公式的好处是对任何形状的粒子都适用,但是不适用于散射的高角部分。

对公式(2-35)两边取对数,并作 $\ln I(q) - q^2$ 图,在低角部分得到一条直线,其斜率为 $-R^2/3$,则有

$$R = \sqrt{-3\alpha} \qquad\qquad (2\text{-}37)$$

其中,α 为 $\ln I(q) - q^2$ 低角部分的斜率。用这种方法可求出粒子的回转半径 R。例如,对于单分散球状散射粒子,回转半径 $R = R_0\sqrt{3/5}$,其中 R_0 为球状粒子实际半径。表 2-2 列举了几种常见几何形状散射粒子的回转半径。

表 2-2　几种常见几何形状散射粒子的回转半径

散射粒子几何形状	回转半径 R
半径为 R_0 的球	$\sqrt{3/5}\,R_0$
半径为 R_0 的薄圆盘	$R_0/\sqrt{2}$
长为 $2H$ 的纤维	$H/\sqrt{3}$
边长为 $2R_0$ 的立方体	R_0
高为 $2H$、半径为 R_0 的圆柱	$\left(\dfrac{R_0^{\ 2}}{2} + \dfrac{H^2}{3}\right)^{1/2}$
外径为 R_0、内径为 r 的球壳	$(3/5)^{1/2}R_0\left[(1-r^5)/(1-r^3)\right]^{1/2}$

2.2.7　粒子散射的一般处理方式

2.2.7.1　相关函数

用公式(2-14)中定义的相关函数 $\gamma(r)$ 来处理一般的散射实验是最好的方法。这里我们假设电子密度差 $\Delta\rho$ 是常数,则相关函数可以改写成

$$\gamma(r) = (\Delta\rho)^2 \cdot \gamma_0(r)$$
$$\gamma_0(r) = 1$$
$$\gamma_0(r \geqslant D) = 0 \qquad\qquad (2\text{-}38)$$

其中,$\gamma_0(r)$ 只和粒子的几何特征相关。D 是粒子最大的直径;当 $r \geqslant D$ 时,$\gamma_0(r)$ 将为 0。如图 2.13 所示,标准化的相关函数 $\gamma_0(r)$ 的直观意义是:将粒子位移 $\vec{r}$ 后形成的"影"和位移前粒子重叠而形成的公共体积。所以,只需对所有方向的 $\vec{r}$ 取平均,$r = |\vec{r}|$ 保持常数。$V(r)$ 代表形成的公共体积,则有

$$\gamma_0(r) = \langle \hat{V}(r) \rangle / V \tag{2-39}$$

将图 2.13 中的粒子用等距的线分割成不同长度 l 的棒。对于所有方向的棒可以用一个分布函数 $G(l)$ 表示。所以,公式(2-39)变为

$$\gamma_0(r) = \frac{1}{\bar{l}} \int_r^D (l - r) G(l) \, \mathrm{d}l$$

$$\bar{l} = \int_0^D l G(l) \, \mathrm{d}l \tag{2-40}$$

对上式微分,得

$$\frac{\mathrm{d}\gamma_0(r)}{\mathrm{d}r} = -\frac{1}{\bar{l}} \int_r^D G(l) \, \mathrm{d}l$$

$$\frac{\mathrm{d}^2\gamma_0(r)}{\mathrm{d}r^2} = \frac{1}{\bar{l}} G(r) \tag{2-41}$$

从数学上讲,$G(l)$ 和相关函数 $\gamma_0(r)$ 具有相同意义,适合描述粒子的衍射。然而,在处理一些中空或复合粒子时,会有一些困难。这里我们只引用一个很简单的例子,如具有几何对称性的球

$$G(l) = \frac{1}{2R_0{}^2}$$

$$\bar{l} = \frac{4}{3} R_0$$

$$\gamma_0(r) = 1 - \frac{3}{2} \left(\frac{r}{D} \right) + \frac{1}{2} \left(\frac{r}{D} \right)^3 \tag{2-42}$$

根据公式(2-15),其散射强度为

$$I_1(q) = (\Delta\rho)^2 \cdot V \cdot \int_0^D 4\pi r^2 \mathrm{d}r \cdot \gamma_0(r) \frac{\sin qr}{qr} \tag{2-43}$$

通过傅里叶逆变换可得到 $\gamma_0(r)$,则有

$$(\Delta\rho)^2 \cdot V \cdot \gamma_0(r) = \frac{1}{2\pi^2} \int_0^\infty q^2 \mathrm{d}q \cdot I_1(q) \frac{\sin qr}{qr} \tag{2-44}$$

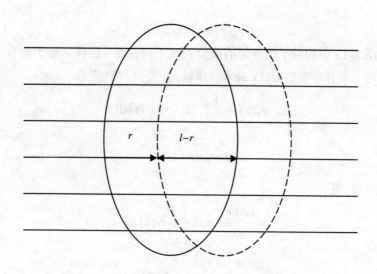

图 2.13　粒子和其位移 $\vec{r}$ 后的"影"

2.2.7.2　低角散射部分

在计算特殊形状粒子前,先考虑从以上的一些公式能推导出的一般性结论。将散射强度 $I_1(q)$ 的低角散射部分(中心部分)和高角散射部分(末端斜坡部分)分开进行讨论比较合理。首先从公式(2-43)可以看出,$I_1(0)$ 等于电子数目差的平方

$$I_1(0) = (\Delta\rho)^2 V^2 = (\Delta n_e)^2 \int_0^D 4\pi r^2 dr \cdot \gamma_0(r) = V \qquad (2\text{-}45)$$

对于实际应用,应该记住散射强度与粒子数目和电子散射因子有关。这些量可通过积分不变量求得,即

$$Q_1 = \int_0^\infty q^2 dq \cdot I_1(q) = 2\pi^2 \cdot (\Delta\rho)^2 \cdot V \qquad (2\text{-}46)$$

结合公式(2-45)可得

$$2\pi^2 \cdot I_1(0)/Q_1 = V \qquad (2\text{-}47)$$

因此粒子体积可直接由散射强度决定,而不需要其他数据。如果散射是由不同粒子混合产生的,那么体积就是平均值。

接下来讨论 $I_1(q)$ 的中心部分。将 Debye 因子展开成幂级数 $1 - h^2r^2/3! +$

$h^4r^4/5!$ － … ,并逐项积分,则可以将体积因子 V 分离出来,因此积分变成取平均 $\overline{r^2}$, $\overline{r^4}$, …

$$I_1(q) = (\Delta n_e)^2 \left\{ 1 - \frac{q^2\overline{r^2}}{3!} + \frac{q^4\overline{r^4}}{5!} - \cdots \right\} \tag{2-48}$$

其中,$\overline{r^n} = \dfrac{1}{V}\displaystyle\int_0^D 4\pi r^2 \mathrm{d}r \gamma_0(r) r^n$。平均值 $\overline{r^n}$ 系数的抽象定义可以直观地表示为:如果在粒子内部任意选两点 $\vec{r_1}$ 和 $\vec{r_2}$,定义 $(\vec{r_1} - \vec{r_2}) = \vec{r}$,在粒子体积内的这彼此独立的两点位置任意变化所得到的平均值。

$$\overline{r^n} = \overline{(\vec{r_1} - \vec{r_2})^n}, \quad \overline{r^2} = \overline{(\vec{r_1} - \vec{r_2})^2} = \overline{r_1^2} + \overline{r_2^2} = 2R^2 \tag{2-49}$$

对于 $\vec{r_1}$、$\vec{r_2}$,假设质量中心为参考点,则线性平均就会消失,进而 $\overline{r_1^2} = \overline{r_2^2} = R^2$,$R$ 为回转半径。当只取到 q^2 时,公式(2-48)和 Guinier 近似相符合。

回转半径 R 和体积 V 并不是从散射强度获得的仅有的尺寸参数。定义相关长度 l_c 作为相关函数的平均宽度,则有

$$l_c \equiv 2\int_0^D \gamma_0(r)\,\mathrm{d}r \tag{2-50}$$

为了从散射强度公式得出 l_c,我们先对总散射强度进行积分 $\int I_1(q)q\mathrm{d}q$ 的计算,应用公式(2-43)给出

$$\int_0^\infty I_1(q)q\mathrm{d}q = (\Delta\rho)^2 V \cdot 4\pi\int_0^D \gamma_0(r)\,\mathrm{d}r = (\Delta\rho)^2 V \cdot 2\pi l_c \tag{2-51}$$

应用积分不变量 Q 消掉 $(\Delta\rho)^2 V$ 和其他多余因子,则有

$$l_c = \pi \cdot \int_0^\infty I_1(q)q\mathrm{d}q / Q_1 \tag{2-52}$$

2.2.7.3　高角散射部分

V、R、l_c 可定义为积分参量,作为粒子尺寸的量度。相应地,它们只和 $I(q)$ 的中心部分有关。如果继续讨论 $I(q)$ 的高角部分,也许能够得到粒子精细结构的信息。将 $\gamma_0(r)$ 展开成幂级数

$$\gamma_0(r) = 1 - ar + br^2 + cr^3 + \cdots \tag{2-53}$$

其中,$a = 1/\bar{l}$,系数 a、b、c 与不同的参数有关。a 与粒子的表面积 S 有关。当

粒子表面位移一个很小的 $\vec{r}$ 时,公共体积 V 不同于体积 V 本身。一个表面元 $\mathrm{d}S$ 对于整个表面的贡献为 $\mathrm{d}S \cdot r\cos\theta$,$\theta$ 是 $\vec{r}$ 和表面法线的夹角。在对整个表面积分时,先对 $\vec{r}$ 所有方向的微小贡献取平均,这意味着 $\overline{|\cos\theta|} = \dfrac{1}{2}$。进而考虑只有 $\vec{r}$ 径直向内的部分才有贡献,这导致了一个 $\dfrac{1}{2}$ 因子的产生。因此每个表面元的平均贡献为 $\dfrac{1}{4}\mathrm{d}S \cdot r$,对整个表面积的贡献为 $\dfrac{1}{4}Sr$。因此我们得到

$$\langle \hat{V}(r) \rangle \doteq V - \frac{1}{4}Sr$$

$$\gamma_0(r) \doteq 1 - \frac{S}{4V}r$$

$$a = \frac{S}{4V} = \frac{1}{\overline{l}} \tag{2-54}$$

则公式(2-43)可近似表示为

$$I_1(q) \doteq (\Delta\rho)^2 V \int_0^D 4\pi r^2 \mathrm{d}r \cdot \left(1 - \frac{r}{\overline{l}} + \cdots\right)\frac{\sin qr}{qr} \tag{2-55}$$

部分积分,只保留最重要的项

$$I_1(q) \rightarrow (\Delta\rho)^2 V \cdot \frac{8\pi}{\overline{l}} \cdot \frac{1}{q^4} = (\Delta\rho)^2 \cdot \frac{2\pi}{q^4} \cdot S \tag{2-56}$$

此式称为 Porod 定律,由 Porod 和 Debye 推导出来。实际上,公式(2-56)不仅对单粒子有效,对稠密粒子系统或非粒子系统也是有效的,它提供了散射系统内部精细的形状和表面信息。如图 2.14 所示,散射强度的高角部分包含散射体形状的信息,散射强度在这个区域内遵从幂定律 $q \propto q^{-\alpha}$,即 Porod 定律。α 的范围为 0 到 4,反映了散射系统的形貌信息。当 $\alpha = 4$ 时,散射体为光滑的球体;当 $\alpha = 2$ 时,散射体为圆盘状;当 $\alpha = 1$ 时,散射体为长棒状。

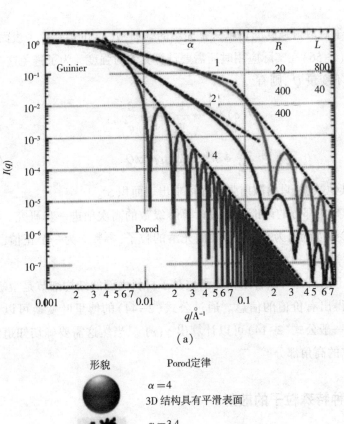

(a)

(b)

图 2.14　不同形貌散射体的 Porod 定律

(球半径 400 Å,圆盘半径 400 Å、厚 40 Å,长棒半径 20 Å、长 800 Å)

不同粒子对散射强度的贡献只是简单的叠加，$I(q)$ 的值和整个表面积 S 成比例。公式(2-56)在实际应用时还需要计算其绝对强度。为了避免这个计算，可应用积分不变量 Q，则有

$$I(q)/Q \rightarrow \frac{1}{\pi} \cdot \frac{S}{V} \cdot \frac{1}{q^4}$$

$$\frac{S}{V} = \pi \cdot \lim I(q) q^4 / Q \qquad (2-57)$$

因此，不用其他数据，只由散射强度即可求出表面积 S。

$I(q)$ 的高角部分的讨论可通过计算幂级数的高次项进一步研究。在大多数情况下，参数 b 的值为 0。对于表面光滑的粒子，参数 c 为一个正值，它与粒子表面的曲率有关。

通过以上的研究可以看出相关函数对于材料内部的结构细节是很敏感的，并能够由此得出有价值的信息。通过公式(2-44)的傅里叶变换可以计算出 $\gamma_0(r)$，通过一般公式(2-14)可以计算出 $\gamma(r)$。当然这需要确切知道散射强度，尤其是它的高角部分。

2.2.8　几种特殊粒子的散射

2.2.8.1　长棒状粒子

长棒状或扁平状粒子的散射图像会有一些特殊的特征。假设长棒状粒子长度为 L，横截面积为 A，如图 2.15 所示，矢量 $\vec{r} = \vec{z} + \vec{r}_e$。

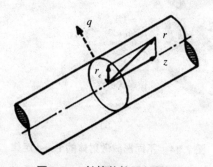

图 2.15　长棒状粒子矢量图

长棒状粒子的散射振幅可表示为

$$F_1(q) = (\Delta\rho) \cdot L \frac{\sin Lq\gamma/2}{Lq\gamma/2} \cdot \iint dA \cdot e^{-iqr_c} \tag{2-58}$$

其中，γ 为 q 和轴线夹角的余弦。假设长度 L 比横截面积直径 D 大很多，则轴向系数为

$$\langle F_L^2 \rangle = L^2 \int_0^\infty \left(\frac{\sin Lq\gamma/2}{Lq\gamma/2} \right)^2 d\gamma = L \cdot \frac{\pi}{q} \tag{2-59}$$

函数 $I_c(q)$ 只和横截面积相关，长棒状粒子散射强度为

$$I_1(q) = L \cdot \frac{\pi}{q} \cdot I_c(q) \tag{2-60}$$

其中，$1/q$ 是长棒状粒子的特征因子。公式(2-60)只能计算近似值，不能计算 L 值很大的情况。

要计算横截面函数 $I_c(q)$，必须记住 q 一定要位于横截面平面内。横截面函数可表示为

$$I_c(q) = (\Delta\rho)^2 \cdot \iint\!\!\!\int dA_1 dA_2 \cdot e^{-iq(r_{c1}-r_{c2})} \tag{2-61}$$

设 $r_c = r_{c1} - r_{c2}$，相关函数为 $\gamma_c(r_c) = (\Delta\rho)^2 \gamma_{c_0}(r_c)$，$\langle e^{-iqr_c} \rangle = J_0(qr_c)$，$J_0$ 为零阶贝塞尔函数，则有

$$I_c(q) = (\Delta\rho)^2 \cdot A \int_0^D 2\pi r dr \cdot \gamma_{c_0}(r) J_0(qr) \tag{2-62}$$

如果横截面是圆形，则散射振幅为

$$F_c = \Delta\rho \int_0^R 2\pi r dr \cdot J_0(qr) = \Delta\rho \cdot A \cdot \left[2\frac{J_1(qR_0)}{qR_0} \right] \tag{2-63}$$

$$I_c(q) = F_c^2(q)$$

2.2.8.2 扁平状粒子

假设扁平状粒子的厚度为 T，具有很大的表面积。和长棒状粒子散射强度类似，扁平状粒子的散射可以分为 h^{-2} 因子和厚度因子 $I_t(h)$ 相关的两部分。扁平状粒子的散射强度为

$$I_1(h) = A \cdot \frac{2\pi}{h^2} \cdot I_t(h)$$

$$I_t(h) = (\Delta\rho)^2 \cdot T^2 \cdot \left(\frac{\sinh T/2}{hT/2}\right)^2 \tag{2-64}$$

其中，T、$\Delta\rho$ 是常数。设 $R_t = \sqrt{z^2} = T/\sqrt{12}$，则散射强度为

$$I_1(h) = A \cdot \frac{2\pi}{h^2}(\Delta\rho)^2 T^2 e^{-h^2 R_t^2} \tag{2-65}$$

假设沿着厚度方向 T 电子密度是均匀分布的 $\eta(z)$，则散射振幅为

$$F_t(h) = \int_{-T/2}^{T/2} \eta(z)\cosh z \cdot dz, \ I_t = F_t^2 \tag{2-66}$$

通过傅里叶逆变换，得到

$$\eta(z) = \frac{1}{\pi}\int_0^\infty F_t(h)\cosh z \cdot dh \tag{2-67}$$

2.2.8.3　复合粒子

复合粒子是由一些简单的次级粒子构建而成的。一个复合粒子有一个固定的轴向。设次级粒子的质心位置为 $r_1, r_2, \cdots, r_j, \cdots, r_N$，相对应的振幅为 F_1，$F_2, \cdots, F_j, \cdots, F_N$。总散射振幅可写为

$$F(h) = \sum_1^N F_j(h) \cdot e^{-ihr_j} \tag{2-68}$$

则，散射强度为

$$I(h) = FF^* = \left\langle \sum\sum F_j F_k^* \cdot e^{-ih(r_j - r_k)} \right\rangle \tag{2-69}$$

设 $r_{jk} = r_j - r_k$，并且 $r_{jk} = -r_{kj}$，则散射强度为

$$I(h) = \sum_1^N I_j(h) + 2 \cdot \sum_{j \neq k}\sum F_j(h)F_k(h)\frac{\sinh r_{jk}}{hr_{jk}} \tag{2-70}$$

该公式由 Debye 通过大分子推导出来，F_j 是原子结构因子。当粒子数 N 较大时，它们之间的干涉项将变得不可忽略。

2.2.9　稠密粒子散射效应

以上分析的是单分散粒子系统的散射，它们的总散射强度可以简单认为是单个粒子散射强度相加。随着散射粒子密度的增加，相干散射的效应不可忽略。当粒子间的相互吸引力和排斥力较强时，粒子间的干涉也会比较强，这会

导致粒子的有序排列,而衍射对于有序结构是很敏感的。

我们先考虑几何结构对散射的影响。假设这个稠密粒子系统的体积为 V,包含 N 个直径为 D 的无相互作用的球形粒子。这个稠密粒子系统可以看成一个巨大的复合粒子来处理,则这个稠密粒子系统的散射强度为

$$I(h) = I_1(h) \left[N + 2 \left\langle \sum \sum_{j \neq k} \frac{\sin hr_{jk}}{hr_{jk}} \right\rangle \right] \qquad (2-71)$$

引入径向分布函数 $P(r)$,它表示以某个粒子为中心,在距离为 r 处的单位体积元 $\mathrm{d}V$ 内找到另一个粒子的概率,这个概率的平均值为 $(N/V)\mathrm{d}V$。很显然当 $r < D$ 时,$P(r) = 0$;当 r 很大时,$P(r) = 1$。则散射强度公式(2-71)可以改写为

$$I(h) = NI_1(h) \left[1 + \frac{N}{V} \int_0^\infty 4\pi r^2 \mathrm{d}r (P(r) - 1) \frac{\sin hr}{hr} \right] \qquad (2-72)$$

2.2.10　非粒子系统

小角 X 射线散射除了可以处理具有确定界面的粒子,还可以处理均匀的胶体,如图 2.16 所示,这个系统是由两种不同的物质组成的,每种物质具有均匀的电子密度。两种相在总体积 V 中的体积分数分别为 φ_1 和 φ_2。

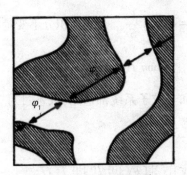

图 2.16　非粒子两相系统

平均电子密度和电子密度的均方波动为

$$\bar{\rho} = \varphi_1 \rho_1 + \varphi_2 \rho_2 , \quad \overline{\eta^2} \equiv \left\langle (\rho - \bar{\rho})^2 \right\rangle = (\rho_1 - \rho_2)^2 \cdot \varphi_1 \varphi_2 \qquad (2-73)$$

而 $\overline{\eta^2}$ 和积分不变量 Q 相关,则有

$$Q \equiv \int_0^\infty q^2 dq \cdot I(q) = V\overline{\eta^2} \cdot 2\pi^2 = V(\rho_1 - \rho_2)^2 \cdot \varphi_1\varphi_2 \cdot 2\pi^2 \quad (2\text{-}74)$$

此系统的相关函数可表示为

$$\gamma(r) \equiv \langle \eta(x) \rangle \langle \eta(x+r) \rangle = \varphi_1\varphi_2(\Delta\rho)^2\gamma_0(r) \quad (2\text{-}75)$$

其中, $\gamma_0(r)$ 为归一化相关函数,则整个系统的散射强度可表示为

$$I(q) = V \cdot \varphi_1\varphi_2(\Delta\rho)^2 \int_0^\infty 4\pi r^2 dr \cdot \gamma_0(r) \frac{\sin qr}{qr} \quad (2\text{-}76)$$

通过傅里叶逆变换和积分不变量,得到相关函数

$$\gamma(r) = \frac{1}{Q}\int_0^\infty q^2 dq \cdot I(q) \frac{\sin qr}{qr} \quad (2\text{-}77)$$

在图 2.16 中画一条直线,这条直线在两个不同相交处剪切出不同的线段,如 l_1 和 l_2。很显然,这些线段的平均值和各自的体积分数成比例, $\overline{l_1} : \overline{l_2} = \varphi_1 : \varphi_2$,则有

$$l_1 = 4\frac{V}{S}\varphi_1 \,, \; l_2 = 4\frac{V}{S}\varphi_2$$

其中, S 是系统之间的表面积,则散射强度改写为

$$I(q) = V\varphi_1\varphi_2(\Delta\rho)^2 \cdot \frac{8\pi}{\overline{l}} \cdot \frac{1}{q^4} = (\Delta\rho)^2 \cdot \frac{2\pi}{q^4} \cdot S \quad (2\text{-}78)$$

其中, $\overline{l} = \overline{l_1}\varphi_2 = \overline{l_2}\varphi_1 = 4\varphi_1\varphi_2\dfrac{V}{S}$。公式被积分不变量 Q 除,得

$$\lim q^4 I(q)/Q = \frac{1}{\pi\varphi_1\varphi_2} \cdot \frac{S}{V} \quad (2\text{-}79)$$

该公式对于粒子和非粒子系统都适用,只不过对于非粒子系统,求解的困难在于表面积 S 的确定。

2.3 小角 X 射线散射数据处理方法

2.3.1 散射背底的扣除

BSRF 的 SAXS 实验站的准直系统采用的是四狭缝系统,光源是天然准直的

同步辐射光,光束线是具有垂直和水平的双向聚焦光学系统,因此该系统中出现的准直误差可以忽略不计。

　　首先对小角散射强度信号进行数据转换。应用 FIT2D 软件转换后的数据如图 2.17 所示。横坐标是与散射角有关的相对位置,纵坐标是任意单位的散射强度。由于散射信号相对散射中心是对称的,一般仅考虑散射中心一侧的数据即可,通过 Matlab 编程取其中散射强度最大一侧的数据。在编程的过程中,主要考虑到了两点:一是散射中心的确定;二是背底的扣除。在图 2.17 中的紧临低峰处先找 2 个点 $A(q_1, I_1)$ 和 $B(q_2, I_2)$,然后在高峰外侧找到与 A 点等高的 C 点 (q_3, I_1) 和与 B 点等高的 D 点 (q_4, I_2),则散射中心的位置在 $((q_1 + q_2 + q_3 + q_4)/4, 0)$ 处。

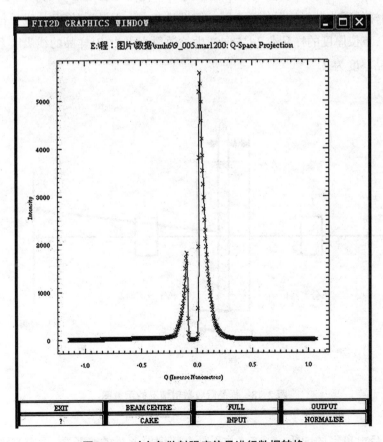

图 2.17　对小角散射强度信号进行数据转换

在小角散射实验中,除了由试样本身的电子密度不均匀性引起的散射外,还包括由于空气、狭缝边缘、宇宙射线、荧光、仪器的电起伏、载样介质等产生的寄生散射,统称背底散射。背底散射的扣除能够直接提高数据分析的精度和实验结果的可靠性,如 Porod 曲线对于背底的扣除十分敏感。将这些散射从接收到的散射强度中扣除,这种方法叫作背底误差的校正。

大多数情况下,SAXS 实验测量所用的样品并不只是我们所关心的纳米级颗粒物质所组成的纯样品,而常常掺有溶剂、衬底、支撑物质和辅助材料等,统称背底样品。原则上,背底样品对 X 射线的吸收使散射强度降低,且不同的散射角处背底的吸收路径不同。通常,扣除背底的散射贡献是必需的。由于同步辐射入射光强随时间变化,对入射光强的归一化处理也是必要的。图 2.18 为实验中样品吸收散射情况的示意图。假设只考虑一次散射的情况,设单位入射光强下,单位厚度的样品在 2θ 方向产生的散射光强为 C,样品的线吸收系数为 μ_m,样品厚度为 d。

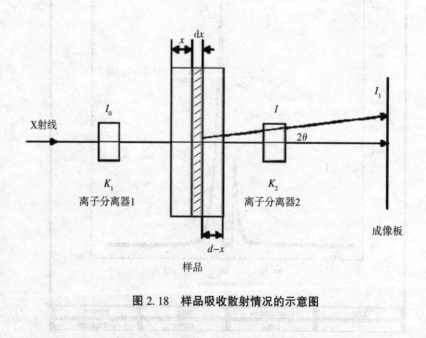

图 2.18   样品吸收散射情况的示意图

前后电离室的读数(K_1,K_2)并不是全部记录通过的光子数,设定二者存在

以下关系

$$K_1 = \alpha A_1 I_0$$
$$K_2 = \beta B_1 I \qquad (2-80)$$

其中，A_1，B_1 分别为前后电离室的放大倍数，α，β 是与电离室所充气体、长度以及所加电压有关的系数。因此，在入射光强为 I_0 时，到达样品深度为 X 处的入射光强为

$$\frac{(1-\alpha)K_1}{\alpha A_1}\mathrm{e}^{-\mu_m X} \qquad (2-81)$$

由厚度为 $\mathrm{d}x$ 的样品产生的散射光强为

$$C\frac{(1-\alpha)K_1}{\alpha A_1}\mathrm{e}^{-\mu_m X}\mathrm{d}x \qquad (2-82)$$

在 2θ 方向，经过吸收后到达成像板上的散射光强为

$$\mathrm{d}I_1 = C\frac{(1-\alpha)K_1}{\alpha A_1}\mathrm{e}^{-\mu_m X}\mathrm{e}^{-\mu_m\frac{(d-X)}{\cos 2\theta}}(1-\beta)\mathrm{d}x \qquad (2-83)$$

则成像板 2θ 处由整个样品产生的散射光强为

$$I_1 = \int_0^d \mathrm{d}I_1 \qquad (2-84)$$

将式(2-50)代入，计算积分结果为

$$I_1 = \frac{CK_1(1-\alpha)(1-\beta)\cos 2\theta}{2\mu_m\alpha A_1\sin^2\theta}\left[\mathrm{e}^{-\mu_m d} - \mathrm{e}^{-\frac{\mu_m d}{\cos 2\theta}}\right] \qquad (2-85)$$

对于只考虑样品吸收的情况，则有

$$\mu_m d = \ln\frac{\beta(1-\alpha)B_1 K_1}{\alpha A_1 K_2} \qquad (2-86)$$

理论上的散射光强并没有考虑样品厚度带来的吸收，如考虑单位入射光强的情况，则无吸收效应的样品散射光强为

$$J_1 = \frac{2I_1\alpha A_1\sin^2\theta}{(1-\alpha)(1-\beta)K_1\cos 2\theta}\frac{\ln[(1-\alpha)\beta B_1 K_1] - \ln\alpha A_1 K_2}{\dfrac{\alpha A_1 K_2}{(1-\alpha)\beta B_1 K_1} - \exp\left\{\dfrac{\ln\alpha A_1 K_2 - \ln[(1-\alpha)\beta B_1 K_1]}{\cos 2\theta}\right\}} \qquad (2-87)$$

其中，J_1 表示样品盒背底的混合物，在单位入射光强下，厚度为 d 的样品产生的散射强度。背底的散射与上述过程完全类似，结果则是纯背底物质在单位入射

光强下,厚度为 d' 的样品产生的散射强度为

$$J_2' = \frac{2I_2\alpha'A_2\sin^2\theta}{(1-\alpha')(1-\beta')K_3\cos2\theta}$$

$$\frac{\ln[(1-\alpha')\beta'B_2K_3] - \ln\alpha'A_2K_4}{\dfrac{\alpha'A_2K_4}{(1-\alpha')\beta'B_2K_3} - \exp\left\{\dfrac{\ln\alpha'A_2K_4 - \ln[(1-\alpha')\beta'B_2K_3]}{\cos2\theta}\right\}} \quad (2-88)$$

其中,A_2,B_2 为前后电离室的放大倍数;α',β' 为前后电离室对 X 射线的吸收分数;K_3,K_4 为前后电离室读数,设纯背底材料的厚度与质量成正比,那么背底扣除后的散射强度为

$$J_s = J_1 - J_2 = J_1 - J_2'\frac{m}{m'} \quad (2-89)$$

计算表明,对散射角的吸收修正效果并不显著,但对背底质量的修正却不能忽视。若只考虑修正且认为样品与背底的散射实验测量中前后电离室的情况完全相同,则背底扣除公式可表示为

$$J_s = \frac{I_1}{K_2} - \frac{m}{m'}\frac{I_2}{K_4} \quad (2-90)$$

其中,I_1,I_2 分别为放样品背底混合物与纯背底两次实验时的成像板读数;K_2,K_4,m,m' 分别为两次实验后电离室读数和所用背底材料的质量。此公式即为实际操作和程序中用到的表达式。

背底扣除的具体方法是,将与被测材料相同实验条件下的背底散射从总测量的散射曲线的中心开始逐点扣除。在程序的编辑过程中也对散射强度进行了归一化处理,程序处理结果如图 2.19 所示,得到散射强度最大一侧的数据。

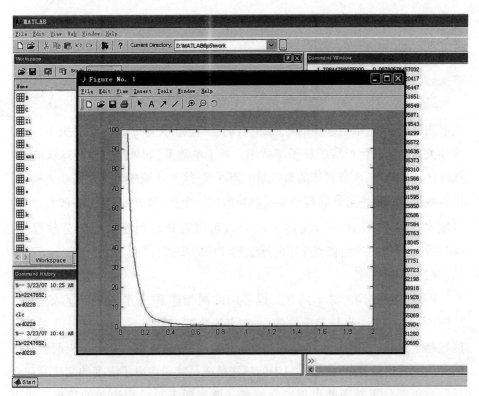

图 2.19　Matlab 程序处理后的散射强度(经过扣除背底和归一化处理)

2.3.2　Guinier、Porod 和分形处理

将 Matlab 程序处理后的散射强度数据应用到 Guinier 和 Porod 定律等公式的计算当中,得出散射粒子的结构参数及散射粒子与周围基体之间状态的一些信息。

2.3.2.1　SAXS 的基本定理和定律

(1)Guinier 作图

如前所述,Guinier 定律是一种近似的表达式,即当散射角趋于 0 时,散射强度为

$$I(q) = I_e n^2 e^{-\frac{R_g^2 q^2}{3}} \tag{2-91}$$

改写为对数形式为

$$\ln[I(q)] = -\frac{R_g^2}{3} q^2 + \ln(I_e n^2) \tag{2-92}$$

从上式可以看出,散射强度的对数 $\ln[I(q)]$ 与散射矢量 q^2 满足线性关系,这种线性关系对于任何形状的粒子都适用。对于单散系,如果散射体是球状的,则线性区域比较广,而散射体的形状越偏离球状,线性区域的角度范围就会越小。由直线部分的斜率可计算得到系统颗粒的回转半径,即 R_g。对于多散系,线性区域也比较小,作出 $\ln[I(q)] - q^2$ 曲线可以直观地判断系统的分散程度。Guinier 定律也是后面将要介绍的逐级切线法的基础。

(2)Porod 作图

Porod 定理指出,对于具有明锐界面的两相体系,在长狭缝准直条件下,$\ln[q^3 I(q)]$ 在高 q 区域趋于常数;而在点狭缝准直条件下,$\ln[q^4 I(q)]$ 在高 q 区域趋于常数。实际情况常常偏离 Porod 定理,分为正偏离和负偏离两种。正偏离的原因比较复杂,比如材料中的热涨落或是粒子内电子密度的起伏等都会导致高角部分正斜率的出现。负偏离一般来源于颗粒相边界的模糊。作出 $\ln[q^3 I(q)] - q^2$ 关系曲线,可以分析纳米材料的界面信息。

(3)质量与表面分形

在无限长狭缝准直的情况下,若曲线 $\ln[I(q)] - \ln(q)$ 在中间部分存在斜率处于 $(-3,0)$ 范围的直线段,则表明样品中的颗粒存在某种程度的自相似结构,即分形现象。分形是局部和整体以某种方式相似的集合,这种性质常称为自相似性。小角散射研究的无序固体或液体分形系统可分为两大类:质量分形和表面分形。在分形区,对于长狭缝准直的系统,散射强度可以表示为

$$I(q) \propto q^{-(\alpha-1)} \tag{2-93}$$

画出曲线 $\ln[I(q)] - \ln(q)$,若斜率在 $(-3,-2)$ 之间则属于表面分形,分形维数为 $D_s = 6 - \alpha$;若斜率在 $(-2,0)$ 之间则属于质量分形或孔分形,分形维数为 $D_m = \alpha$。

图 2.20 为粒子系统的 SAXS 强度曲线所包含的形状和表面结构等信息。由图可见,在低角度区域是大尺寸结构信息,高角度区域是小尺寸结构信息。

通过 SAXS 强度曲线可以得到散射粒子的尺寸、粒子形状、表面结构等信息。在高角区域还有广角 X 射线散射信息,主要反映的是散射粒子内晶相的结构信息。

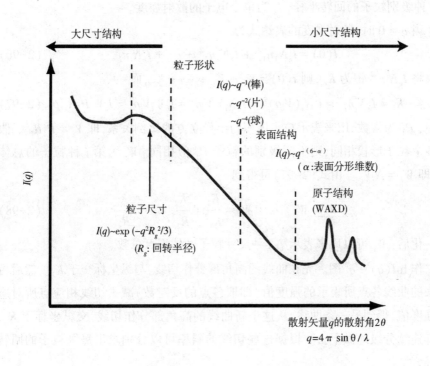

图 2.20　粒子系统的 SAXS 强度信息

2.3.2.2　逐级切线法

逐级切线法是一种计算粒度分布函数的方法,用来获取离散分布的颗粒粒度。早在 1946 年,Jellinek 和 Fankuchen 等人就应用此方法研究了氧化铝胶粒的粒度分布,并在一定精度下给出了合理的结果。对于任何形状粒子的 Guinier 近似散射强度可表达为

$$I(q) = I_e\rho^2 \int_0^\infty N(R_g) V^2(R_g) e^{-q^2 R_g^2/3} dR_g \qquad (2-94)$$

如果把样品中的粒度分成 i 个尺寸级别,假设样品中含有 i 个尺寸不同但

形状相同的粒子,则式(2-94)可以离散成

$$I(q) = I_e N_1 n_1{}^2 e^{-q^2 R_1{}^2/3} + I_e N_2 n_2{}^2 e^{-q^2 R_2{}^2/3} + \cdots + I_e N_i n_i{}^2 e^{-q^2 R_i{}^2/3} \quad (2-95)$$

其中,N_i 为第 i 种级别的粒子数,n_i 为第 i 种级别的单个粒子中的电子数,R_i 为第 i 种级别粒子的回转半径,I_e 为单个电子的散射强度。

当 $q = 0$ 时,散射强度的表达式为

$$I(0) = I_e N_1 n_1{}^2 + I_e N_2 n_2{}^2 + \cdots + I_e N_i n_i{}^2 \quad (2-96)$$

如果将 $I_e N_i n_i{}^2$ 记为 K_i,则 $I(0) = K_1 + K_2 + \cdots + K_i$,而

$$K_i = I_e N_i n_i{}^2 = I_e N_i (V_i \rho)^2 = I_e N_i V_i V_i \rho^2 = I_e W_i V_i \rho^2 = I_e W_i P_1 R_i{}^3 \rho^2 \quad (2-97)$$

其中,P_1 为常数,用来表示粒子体积与半径立方的比例关系,即 $V_i = P_1 R_i{}^3$。假设各个粒子形状相同,则不同级别的粒子 P_1 值相同。W_i 为第 i 种粒子的总体积,即 $W_i = N_i V_i$。由式(2-97)可得到

$$W_1 : W_2 : \cdots : W_i = \frac{K_1}{R_1{}^3} : \frac{K_2}{R_2{}^3} : \cdots : \frac{K_i}{R_i{}^3} \quad (2-98)$$

归一化后,W_i 可以用来表示第 i 种尺寸粒子的体积百分数。

作 $\ln I(q) - q^2$ 图。先在曲线的高角部分作切线,与纵坐标交于 K_1。然后将原来的曲线各点所表示的强度值(即取各点的反对数)减去切线相应点所对应的强度值,得到另一条曲线,从这个新曲线的高角部分作切线,交纵坐标于 K_2,这样连续分级地做下去。根据这些切线的斜率可以分别求出每级粒子的回转半径。

第 3 章　异常小角 X 射线散射技术

3.1　异常小角 X 射线散射简介

3.1.1　异常小角 X 射线散射强度

异常小角 X 射线散射(ASAXS)在冶金和材料科学领域 ASAXS 有广泛的应用。它能够得出复杂相的成分,能够区分不同散射体对散射的贡献,等等。迄今为止,它也大量应用于聚合物和胶体领域。但是 ASAXS 有一个缺点,它探测不到诸如 C、H、N、O 等原子,因为这些原子吸收边的位置能量很低,通常达不到最低的能量范围。

异常散射和同位素替换是相互补充的差异变化技术,它们的实验过程不同:同位素替换需要在样品中产生干涉,而实验的程序无变化。异常散射需要改变入射光束,而不用更换样品,这对于研究淬火合金的分解是很重要的。

在估计原子散射因子时的最主要近似是假设入射光的频率 ω 远离散射体的吸收边频率(ω_K,ω_L……),称为"正常散射"。实际上这种正常散射是不可能发生的。当入射光的波长接近散射体的一个允许的转变点时,就会发生异常散射。当 X 射线光子能量接近一个原子内层吸收边时,共振原子散射因子为

$$f(q,E) = f_0(E) + f'(q,E) + \mathrm{i}f''(q,E) \tag{3-1}$$

其中,E 是 X 射线能量,其波长为 $\lambda = hc/E$,$q = (4\pi/\lambda)\sin\theta$ 是散射矢量,2θ 是散射角。第一项是原子内电子密度 $\rho(r)$ 的傅里叶变换得到的正常的原子散射因子,它和这个原子的电子数目成比例,在小角区域内等于原子序数 Z。它和

能量无关并且在标准的 X 射线实验中是唯一考虑的一项。第二项和第三项与能量有关并且一起作为异常散射因子或者散射项,在能量接近原子吸收边时,它们会有一个可测量的振幅,而在标准的实验中它们通常是被忽略的。

在 ASAXS 实验中,其散射振幅为

$$A(q,E) = \int_{V_p} \Delta\rho_0(r) \cdot \exp(-iqr) d^3r + \int_{V_p} \Delta\rho_R(r,E) \cdot \exp(-iqr) d^3r \quad (3-2)$$

其中,R 和 0 为样品中共振散射元素和其他组分的非共振散射。V_p 为受辐射样品的体积,$\Delta\rho_0$,$\Delta\rho_R$ 分别为非共振散射原子和共振散射原子的电子密度差。

$$\Delta\rho_0(r) = \Delta f_0 \cdot u(r) = (f_0 - \rho_m V_0) \cdot u(r)$$

$$\Delta\rho_R(r,E) = \Delta f_R(E) \cdot v(r) = [(f_{0,R} - \rho_m V_R) + f'_R(E) + if''_R(E)] \cdot v(r)$$

$$(3-3)$$

其中,ρ_m 为电子密度。例如,对于合金或者溶液,ρ_m 为整个合金或溶液的电子密度。V_0 和 V_R 为非共振原子和共振原子的体积。$u(r)$ 和 $v(r)$ 分别为在空间 r 处非共振原子和共振原子的数密度,则总散射强度可表示为

$$\begin{aligned}
I_{tot}(q,E) &= |A_0(q,E) + A_R(q,E)|^2 \\
&= |A_0(q,E)|^2 + 2|A_0(q,E) \cdot A_R(q,E)| + |A_R(q,E)|^2 \\
&= S_0(q) + S_{0,R}(q) + S_R(q)
\end{aligned} \quad (3-4)$$

公式(3-4)的第一项是非共振元素电子密度的自相关,第二项是共振散射原子和非共振散射原子振幅的耦合项,第三项是共振元素电子密度的自相关,即只包含共振散射,则有

$$S_0(q) = \Delta f_0^2 \iint_{V_p} u(r)u(r') \frac{\sin(q|r-r'|)}{q|r-r'|} d^3r d^3r'$$

$$S_{0,R}(q) = 2\Delta f_0 \cdot (f_{0,R} - \rho_m V_R + f'_R(E)) \iint_{V_p} u(r)v(r') \frac{\sin(q|r-r'|)}{q|r-r'|} d^3r d^3r'$$

$$S_R(q) = |\Delta f_R(E)|^2 \iint_{V_p} v(r)v(r') \frac{\sin(q|r-r'|)}{q|r-r'|} d^3r d^3r' \quad (3-5)$$

在原子序数为 Z 的原子吸收边附近,选择三种能量测量其散射曲线,构成以下矢量方程

$$M_{ij}(E_i) \otimes A_j(q) = I_i(q, E_i) \tag{3-6}$$

$$\begin{pmatrix} \Delta f_0^2\, 2\Delta f_0\, [\Delta f_{0,Z} + f'_Z(E_1)] \; \{[\Delta f_{0,Z} + f'_Z(E_1)]^2 + f''_Z(E_1)^2\} \\ \Delta f_0^2\, 2\Delta f_0\, [\Delta f_{0,Z} + f'_Z(E_2)] \; \{[\Delta f_{0,Z} + f'_Z(E_2)]^2 + f''_Z(E_2)^2\} \\ \Delta f_0^2\, 2\Delta f_0\, [\Delta f_{0,Z} + f'_Z(E_3)] \; \{[\Delta f_{0,Z} + f'_Z(E_3)]^2 + f''_Z(E_3)^2\} \end{pmatrix}$$

$$\begin{pmatrix} |A_0(q)|^2 \\ \mathrm{Re}(A_0(q)A_R(q)) \\ |A_R(q)|^2 \end{pmatrix} = \begin{pmatrix} I(q, E_1) \\ I(q, E_2) \\ I(q, E_3) \end{pmatrix}$$

通过高斯算法解上面向量方程,得到

$$\begin{pmatrix} a_{11} & a_{11} & a_{11} \\ 0 & a_{22} & a_{23} \\ 0 & 0 & a_{33} \end{pmatrix} \begin{pmatrix} b_1 \\ b_2 \\ b_3 \end{pmatrix} = \begin{pmatrix} |A_0(q)|^2 \\ \mathrm{Re}(A_0(q)A_R(q)) \\ |A_R(q)|^2 \end{pmatrix}$$

$$|A_R(q)|^2 = \left[\frac{I(q, E_1) - I(q, E_2)}{f'_Z(E_1) - f'_Z(E_2)} - \frac{I(q, E_1) - I(q, E_3)}{f'_Z(E_1) - f'_Z(E_3)} \right] \cdot \frac{1}{F(E_1, E_2, E_3)} \tag{3-7}$$

其中,$F(E_1, E_2, E_3)$ 为归一化因子。$|A_R(q)|^2$ 是共振散射原子的对相关函数,代表共振原子的空间分布。从式(3-6)可以看出,ASAXS 可以直接探测 Z 原子分布的相关结构信息。由式(3-7)可知,仅仅通过测量在吸收边附近三个适合能量的 SAXS,就可以得到多组分系统中选定成分的共振散射贡献。

在小角散射范围内($qa_B \ll 1$,a_B 是玻尔半径),f 对 q 的依赖可以忽略,式(3-1)简化为

$$f(E) = Z + f'(E) + \mathrm{i}f''(E) \tag{3-8}$$

其中,虚部 f'' 和吸收系数 μ 成比例,则有

$$f'' = [(mc/4\pi e^2)E/h]\mu \tag{3-9}$$

在吸收边以下, f' 接近于常数;在吸收边以上,强烈的荧光背底并不能使共振散射得到精确测量时, f'' 就变得很重要了。在 ASAXS 实验中,我们应该使入射光子能量稍微低于吸收边的能量。因此,在 ASAXS 实验中,主要用到散射项中实部 f' 的变化。

f' 和 f'' 彼此通过 Kramers-Kronig 散射关系联系起来,这种散射关系可表示为

$$f'(E) = \frac{2}{\pi} \int_0^\infty \frac{f''(E) E'}{E^2 - E'^2} \mathrm{d}E'$$

$$\text{或} f'(\omega) = 2/\pi \int_0^\infty [\omega' f''(\omega') / \omega'^2 - \omega^2] \mathrm{d}\omega' \tag{3-10}$$

其中, ω 是 X 射线频率。在吸收边临近的能量区域内实部 f' 取的负值大,会使散射因子在很小的能量范围内产生很大的变化。在距离吸收边 10 eV 内,对于 K 边甚至 L 和 M 边,发生的最大改变能达到几个电子。例如,当 X 射线能量接近 Cu 和 Ni 各自的 K 吸收边(8979 eV 和 8333 eV)时,它们的原子散射因子会有 30% 的降低。对于 Sn,当能量接近它的 L_III 吸收边(3928 eV)时,它的原子散射因子会有 40% 的变化。

每个元素都有自己的吸收边,因此在 K、L 和 M 吸收边附近改变光的能量能够改变这个原子对总散射强度的贡献,这也是 X 射线异常散射的差异变化技术的基础。表 3-1 中列举了一些常见元素原子的吸收边能量值。

表 3-1　一些常见元素原子的吸收边能量值

原子序数	元素符号 元素名称	能量/eV	原子序数	元素符号 元素名称	能量/eV
11	Na 钠	1073	41	Nb 铌	18986
12	Mg 镁	1305	42	Mo 钼	20000
13	Al 铝	1560	43	Tc 锝	21044
14	Si 硅	1839	44	Ru 钌	22117
15	P 磷	2146	45	Rh 铑	23220
16	S 硫	2472	46	Pd 钯	24350
17	Cl 氯	1823	47	Ag 银	25514
19	K 钾	3608	48	Cd 镉	26711
20	Ca 钙	4039	49	In 铟	27940
21	Sc 钪	4493	50	Sn 锡	29200
22	Ti 钛	4967	51	Sb 锑	30491
23	V 钒	5466	52	Te 碲	31814
24	Cr 铬	5990	53	I 碘	33169
25	Mn 锰	6539	55	Cs 铯	35982
26	Fe 铁	7112	56	Ba 钡	37438
27	Co 钴	7709	72	Hf 铪	65347
28	Ni 镍	8333	73	Ta 钽	67412
29	Cu 铜	8979	74	W 钨	69521
30	Zn 锌	9659	75	Re 铼	71672
31	Ga 镓	10367	76	Os 锇	73866
32	Ge 锗	11103	77	Ir 铱	76107
33	As 砷	11867	78	Pt 铂	78390
34	Se 硒	12658	79	Au 金	80720
35	Br 溴	13474	80	Hg 汞	83097
37	Rb 铷	15200	81	Tl 铊	85525
38	Sr 锶	16105	82	Pb 铅	87999
39	Y 钇	17038	83	Bi 铋	90521
40	Zr 锆	17998	84	Po 钋	93100

　　图 3.1 是一个 Fe 原子的异常散射因子随能量变化的曲线。其显著特征如下:虚部 f'' 的值为正,可以看出其在吸收边的较高能量区。实部 f' 在吸收边处有一个尖锐的负峰,其半高宽度通常为 50 eV 左右,分布于吸收边左右,在吸收边处值最大,之后快速减小,在离吸收边几百电子伏处趋于恒值。在 Fe 原子的 7112 eV 吸收边附近有 Fe 的特征 X 射线能量,Fe 的 K_α (6404 eV) 和 K_β (7057 eV)。

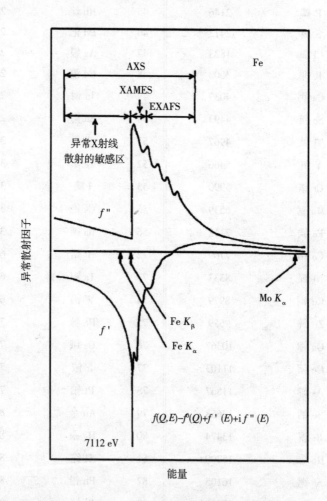

图 3.1　Fe 原子异常散射因子随能量变化的曲线

图 3.2 展示了某些元素 X 射线特征辐射的异常散射因子,其随原子序数存在不连续变化规律。对于过渡金属和稀土金属,异常散射因子 f' 和 f'' 变化非常明显。异常 X 射线散射(AXS)方法非常适合包含特征辐射的过渡金属和稀土金属样品。一般的特征辐射能量达不到接近某些特定元素的吸收边,只有个别商用 X 射线仪器可以用于 AXS 测试和应用。针对这个问题,同步辐射光源具有高强度的连续 X 射线光谱,能够最大范围应用于 AXS 实验和数据的获取。

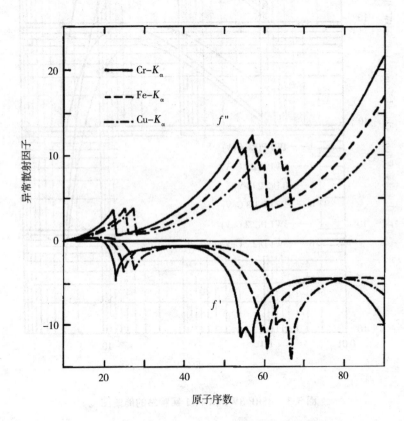

图 3.2 Cr、Fe、Cu 元素的 K_α 特征辐射的异常散射因子

图 3.3 为 BSRF 的 3W1 和 4W1 实验站的能谱图。应用同步辐射光谱进行 ASAXS 实验时,一般入射 X 射线光能量选择共振散射原子的 K 吸收边;当入射 X 射线能量达不到 K 吸收边时,可选择该共振散射原子的 L 吸收边进行 ASAXS 实验。

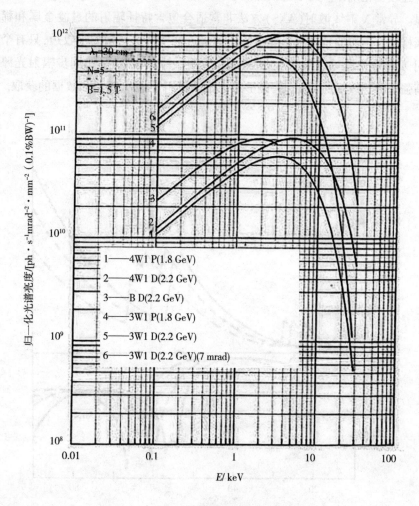

图 3.3 BSRF 3W1 和 4W1 实验站的能谱图

　　对于定量结构分析,可以通过精确校正窗口材料的散射强度估计液体样品的散射强度。图 3.4 为测量样品池中液体样品 X 射线强度的 AXS 方法。在 E_1 和 E_2 两个能量下测量的每一个异常散射强度都包含样品池窗口材料和液体样品的散射强度。当这两个能量接近某个共振元素的吸收边时,通过获得这两个散射强度之差,会自动消除来自窗口材料和非共振散射原子的散射贡献。

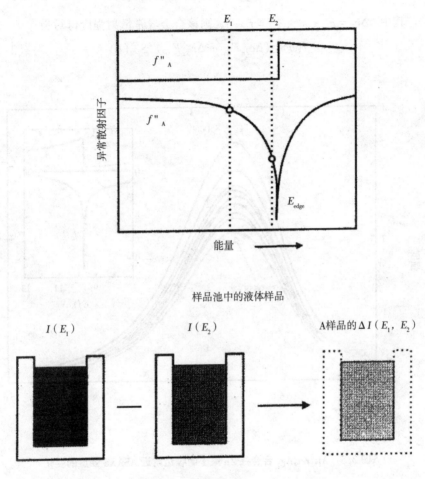

图 3.4　测量液体样品 X 射线散射强度的 AXS 方法

　　图 3.5 为在 398 K 退火 600 s 的 $Al_{82}Zn_9Ag_9$ 合金的 ASAXS 强度变化曲线。Zn 原子的吸收边在 9660 eV,当入射 X 射线能量从 8500 eV 变化到 9658 eV 时,由于 Zn 原子的异常散射效应,ASAXS 散射强度逐渐降低。合金中析出散射体的尺寸可以通过 Guinier 作图获得,合金的结构可以用"两相离析模型"来解释。每个相都有均匀的密度 c_i^P 和 c_i^M。假设所有部分结构因子具有相同的形状因子 $S_{PM}(q)$,则 X 射线散射强度可表示为

$$I(q) = \Big(\sum_{i,j}^{2} \Delta c_i \Delta c_j F_i F_j \Big)^2 S_{PM}(q) \tag{3-11}$$

其中, $\Delta c_i = c_i^P - c_i^M$, $F_i = f_i - f_0$, 则该合金异常散射强度可写为

$$I(q) = (\Delta c_{Zn} F_{Zn} + \Delta c_{Ag} F_{Ag})^2 S_{PM}(q) \tag{3-12}$$

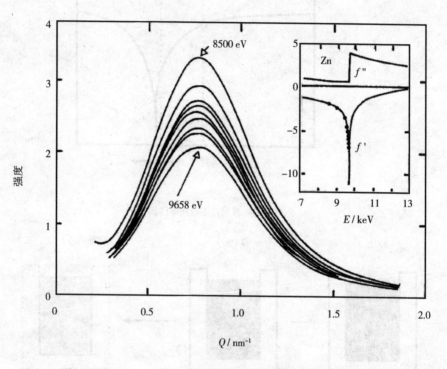

图 3.5 Al$_{82}$Zn$_9$Ag$_9$ 合金在 Zn 原子吸收边附近 ASAXS 强度的变化

最近,多层膜的制备受到了很多关注,由低和高两种不同原子数的元素交替生长形成具有特定周期厚度的多层膜样品,获得了有效的散射强度。磁性多层膜是研究的热点,如 Co/Cu 巨磁电阻多层膜,随着非磁性成分层厚度的增加,这种金属超晶格多层样品会出现反铁磁和铁磁振荡行为。在小角区的衍射峰能够提供周期性、单层厚度和界面密度分布信息。这些峰的散射强度和相关层的平均 X 射线原子散射因子之差的平方成正比。一些多层膜是由相近原子数的元素组成的,如 Mn、Fe、Co、Ni、Cu、Zn,这种情况下会出现强度较弱的衍射峰。AXS 方法对于原子探测是非常灵敏的,即使多层样品中包含有多种次邻近元素

原子也适用。

对于包含两个元素 A 和 B 的多层膜样品,在小角区域交替分层 N 次,周期为 L,其衍射峰值强度可表示为

$$I(q) = F(q)F^*(q)\frac{\sin^2(NqL/2)}{\sin^2(qL/2)} \tag{3-13}$$

其中,$F(q)$ 是多层膜的结构因子,$F^*(q)$ 是其复共轭。散射在 $q = 2\pi n/L$ 处具有最大的强度,n 是整数,第 n 阶有序衍射峰相应的结构因子可由密度分布 $c(x)$ 求得,x 是深度,则

$$F_n = 2(n_A f_A - n_B f_B)\int_0^{L/2} c(x)\cos\frac{2\pi nx}{L}\mathrm{d}x \tag{3-14}$$

其中 n_i 是数密度,f_j 是第 j 个元素的 X 射线原子散射因子。图 3.6 为采用不同方法研究 Co/Cu 多层膜样品的周期结构。如图 3.6(a)所示,在 Co 和 Cu 吸收边附近,异常散射项发生了很大的变化。其散射峰强度大约和 $|f_A - f_B|^2$ 成正比,也在吸收边附近发生很大的变化。如图 3.6(b)所示,实线和虚线分别是 $q = 6.3\ \mathrm{nm}^{-1}$ 和 $q = 12.6\ \mathrm{nm}^{-1}$ 时的散射强度曲线,E_1 和 E_2 是 AXS 实验选择的能量。散射峰强度在 Co 的 K 吸收边附近振幅较强,在 Cu 的 K 吸收边附近振幅很弱。通过计算这两个散射强度曲线之间的差,可以扣除背底强度,并且可以准确地确定散射强度分布,而不会受到背底强度的干扰。

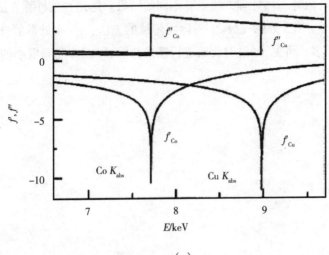

(a)

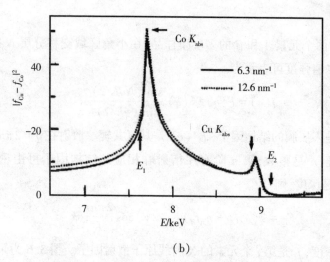

（b）

图 3.6　Co 和 Cu 元素近 K 吸收边的理论异常散射项

图 3.7 为采用不同方法在入射能量为 7690 eV 和 9200 eV 处测量 Co/Cu 多层膜的 ASAXS 峰位。图中应用传统测量方法和当前计算方法对获得的 ASAXS 峰位进行了对比。在高有序峰位处，背底散射强度对于 ASAXS 强度的影响还是很大的，因此应用传统测量方法计算的高有序处的散射强度实验存在较大误差。应用当前计算方法，通过精确扣除背底散射强度，可以探测到 $n = 5$ 处微弱的散射峰，而应用传统测量方法不能探测到此处的散射峰位。对于 $n = 3$ 和 $n = 4$ 两处峰位，两种不同处理方法也有不同的结果。运用当前计算方法，$n = 4$ 处散射峰强度是 $n = 3$ 处的三分之一；运用传统的方法，$n = 4$ 处散射峰强度比 $n = 3$ 处的强很多。可见，通过对背底进行精准扣除，可以探测到极小的 ASAXS 强度。

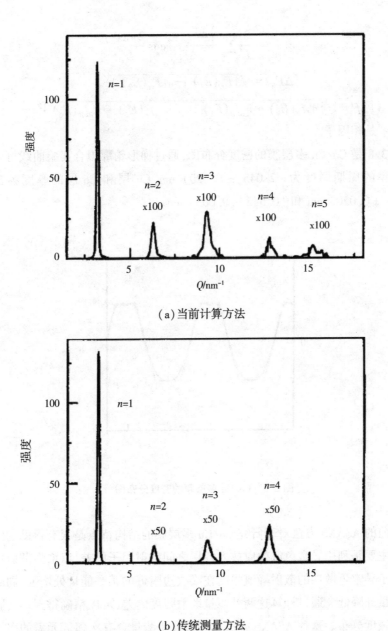

（a）当前计算方法

（b）传统测量方法

图 3.7　采用不同方法测量 Co/Cu 多层膜的 ASAXS 峰位

密度分布 $c(x)$ 可以通过积分强度平方根的傅里叶变换获得

$$c(x) = \frac{2}{L} \sum_{n=1} \frac{|\Delta F_n| \varphi_n}{|\Delta f|} \cos \frac{2\pi n x}{L} \tag{3-15}$$

$$|\Delta F_n| = \sqrt{|F_n(E_1)| - |F_n(E_2)|}$$

$$|\Delta f| = \sqrt{|n_A f_A(E_1) - n_B f_B(E_1)|^2 - |n_A f_A(E_2) - n_B f_B(E_2)|^2}$$

其中，φ_n 是相因子。

图 3.8 是 Co/Cu 多层膜的密度分布图，通过梯形轮廓拟合实验曲线可以得到多层膜的周期厚度为（2.045 ± 0.020）nm，Cu 层和 Co 层的厚度各自为（2.045 ± 0.020）nm 和（0.545 ± 0.005）nm。

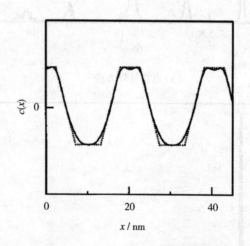

图 3.8　Co/Cu 多层膜的密度分布图

当前的 ASAXS 方法对于研究 Co/Cu 多层膜的结构特点是很有帮助的。这种方法主要是利用异常色散效应放大各层之间散射因子的差，以增强散射峰强度。由于异常色散项的散射峰值强度在吸收边附近的某一能量处增强，同时在另一能量处降低。通过计算这两处能量散射强度之差，可以精确得到多层膜的衍射峰强度分布。这种 ASAXS 方法比较适合于测量含有次邻近元素的多层膜样品。

多层膜的扩散系数 D 可通过下面的公式计算得到

$$\ln\left(\frac{I(q)}{I_0}\right) = -2Dq^2 t \tag{3-16}$$

其中，I_0 为入射 X 射线强度，t 为时间。

3.1.2　异常小角 X 射线散射的局部结构因子

ASAXS 的散射强度公式可以表示为

$$I(q,E) = \sum_{i,j} f_i(E) f_j^*(E) S_{i,j}(q) \tag{3-17}$$

则局部结构因子可定义为

$$S_{i,j}(q) = A_i(q) A_j^*(q) = \int_V n_i(r_1) n_j(r_2) e^{-i(r_1-r_2)q} dr_1^3 dr_2^3 \tag{3-18}$$

其中，$n_i(r)$ 为样品中某点 r 处第 i 种原子的原子密度。显然，$S_{ij}(q) = S_{ji}^*(q)$，$S_{ij}(q)$ 写成 $n \times n$ 厄米矩阵形式，散射强度可写为

$$I(q,E) = \sum_{i=1}^n |f_i|^2 S_{ii} + 2 \sum_{i=1}^{n-1} \sum_{j=i+1}^n \mathrm{Re}(f_i f_i^* S_{ij}) \tag{3-19}$$

其中，S_{ii} 为第 i 种原子的空间排列分布。利用原子密度的交叉卷积和自卷积 $\tilde{n}_{ij}(r)$，则局部结构因子可以改写为

$$S_{i,j}(q) = \int_V \tilde{n}_{ij}(r) e^{-irq} dr^3 \tag{3-20}$$

其中，$\tilde{n}_{ij}(r) = \int_V n_i(r + r_2) n_j(r_2) dr_2^3$。

定义局部原子数密度为 $n_i(r) = x_i(r) \eta(r)$，$x_i(r)$ 为第 i 种原子的数密度，$\eta(r)$ 为所有种类原子的数密度，则有

$$\eta(r) = d(r) N_A / \sum M_i x_i(r) \tag{3-21}$$

其中，$d(r)$ 为质量密度，M_i 为相应原子的相对原子质量，则第 i 种原子平均原子密度近似写为

$\bar{n}_i = x_i \bar{\eta}$，$n_i(r) = \Delta n_i(r) + \bar{n}_i$，得

$$\tilde{n}_{ij}(r) = \int_V \Delta n_i(r + r_2) \Delta n_j(r_2) dr_2^3 + \mathrm{const.} \tag{3-22}$$

常数的傅里叶变换是 Delta 函数，其只在 $q = 0$ 处有贡献，所以这个常数可以忽略，则 ASAXS 强度也可以写为

$$I(q,E) = \left| \int_V \sum_i f_i(E) \Delta n_i(r) e^{-iqr} dr^3 \right|^2 \tag{3-23}$$

显然,SAXS 的积分不变量可以写为

$$Q(E) = \int_0^\infty I(q,E) q^2 \mathrm{d}q = \sum_{i,j} f_i(E) f_j^*(E) Q_{ij} \tag{3-24}$$

其中, Q_{ij} 为局部积分不变量, $Q_{ij} = 2\pi^2 \int_V \Delta n_i(r) \Delta n_j(r) \mathrm{d}r^3$。

例如,考虑只有两种原子形成的 ASAXS 系统,则散射强度为

$$I(q,E) = |f_1(E)|^2 S_{11}(q) + 2\mathrm{Re}[f_1(E) f_2^*(E) S_{12}(q)] + |f_2(E)|^2 S_{22}(q) \tag{3-25}$$

对于有 n 种组分的散射系统,其散射强度可写为

$$I(q,E) = \sum_{i=1}^n |f_i(E)|^2 S_{ii}(q) + \sum_{i=1}^{n-1} \sum_{j=i+1}^n o_{ij}(E) \mathrm{Re}[S_{ij}(q)] +$$
$$\sum_{i=1}^{n-1} \sum_{j=i+1}^n h_{ij}(E) \mathrm{Im}[S_{ij}(q)] \tag{3-26}$$

其中, $\mathrm{Im}[S_{ij}(q)]$ 为 $S_{ij}(q)$ 的虚部。

3.2 异常掠入射 X 射线散射

类似 Co/Cu 多层膜,具有巨磁电阻和反铁磁–铁磁振荡行为的多层膜样品的制备已成为微电子器件制备的关键技术之一。这种新的功能材料表面和界面的结构性能是其物理、化学和工程应用的先决条件,这一需求已通过多种表面特定的实验方法得到满足。例如,可以利用反射高能电子衍射(RHEED)对电子和原子间强相互作用的敏感性进行表面分析。但是,这种技术有其限制条件,比如要求高真空坏境。

由于同步辐射光源的发展,掠入射 X 射线散射技术得到了快速的发展。图 3.9 为 X 射线掠入射散射示意图,这种掠入射方式可以获得表面及表面以下一定深度的结构信息,如表面和表面以下散射粒子的尺寸、形状、粒子间距、分布、晶格结构、应力等。

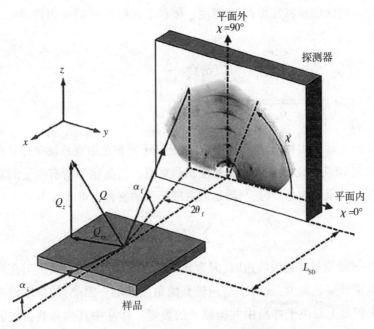

图 3.9　X 射线掠入射散射示意图

能量为 E 的 X 射线折射率可表示为

$$n(E) = 1 - \delta(E) + i\beta(E) \qquad (3-27)$$

$$\delta(E) = \frac{\lambda^2 r_e}{2\pi V_c} \sum_j [Z_j + f'_j(E)]$$

$$\beta(E) = \frac{\lambda^2 r_e}{2\pi V_c} \sum_j [-f''_j(E)]$$

其中，λ 为入射 X 射线波长，r_e 为经典电子半径，V_c 为晶胞体积，Z_j 为原子数，$f'_j(E)$ 和 $f''_j(E)$ 为异常散射项的实部和虚部，$\delta(E)$ 在任何情况下都是正值。当 X 射线吸收很小时，临界角为

$$\alpha_c = \sqrt{2\delta} = \lambda \sqrt{\frac{r_e}{\pi V_c} \sum_j [Z_j + f'_j(E)]} \qquad (3-28)$$

已知 $[Z_j + f'_j(E)]/M_j \approx 1/2$，$M_j$ 是相对原子质量，则临界角可改写为

$$\alpha_c = \lambda \sqrt{\frac{r_e N_A}{2\pi} \rho} \qquad (3-29)$$

其中，N_A 为阿伏伽德罗常量，ρ 为密度。依赖于入射角 α_i 的 X 射线透射深度可写为

$$D(\alpha_i) = \frac{\lambda}{4\pi q} \tag{3-30}$$

其中，$q = \dfrac{1}{\sqrt{2}}\sqrt{\sqrt{\left({\alpha_i}^2 - {\alpha_c}^2\right)^2 + 4\beta^2} + {\alpha_c}^2 - {\alpha_i}^2}$。

异常掠入射 X 射线散射（AGXS）方法是基于异常色散现象测量样品折射率偏差。图 3.10 为 AGXS 方法的实验模式示意图。当晶胞中所有原子的总和转换为所有元素原子的总和时，与异常散射项相关的临界角可改写为

$$\frac{\alpha_c(E)}{\lambda} = \sqrt{\frac{r_e}{\pi} \sum_k \rho k \left[Z_k + f'_k(E)\right]} \tag{3-31}$$

当入射 X 射线能量接近吸收边时，因为异常散射效应，与 X 射线散射密切相关的有效电子数显著减少，$\alpha_c(E)$ 会向较低的角度移动。因此，其角度偏差的大小在很大程度上取决于样品中共振原子的数量。样品中其他非共振散射元素的异常散射项中散射因子的能量变化很小可以忽略，测量接近元素 A 吸收边的两个能量 E_1 和 E_2 的临界角有下列关系

$$\Delta\left(\frac{\alpha_c(E)}{\lambda}\right)^2 \equiv \left(\frac{\alpha_c(E_1)}{\lambda_1}\right)^2 - \left(\frac{\alpha_c(E_2)}{\lambda_2}\right)^2 \equiv k_c(E)$$

$$\cong \rho_A \frac{r_e}{\pi}\left[f_A{}'(E_1) - f_A{}'(E_2)\right] \tag{3-32}$$

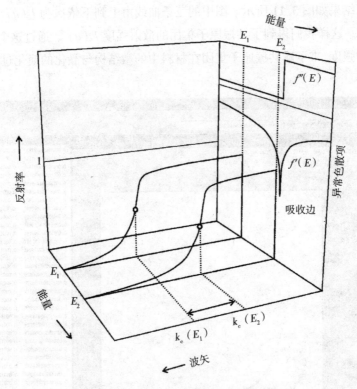

图 3.10　AGXS 方法的实验模式示意图

3.3　编辑异常小角 X 射线散射数据处理程序

ASAXS 是常规小角 X 射线散射的特殊情况。可以用 Matlab 编程来处理散射强度,如散射中心的选取、背底的扣除和归一化处理等,Matlab 也同样适用于编辑 ASAXS 的解谱程序。

根据下列公式,编辑 Matlab 处理 ASAXS 数据程序

$$I(q,E_i) = I_0(q) + 2f'(E_i)I_{0R}(q) + [f'^2(E_i) + f''^2(E_i)]I_R(q) \quad (3-33)$$

其中,$I(q,E_i)$ 是能量为 E_i 下的总散射强度,$q = 4\pi\sin(\theta/2)/\lambda$ 是散射矢量振幅,λ 是波长,θ 是散射角。f' 和吸收系数成比例,它可由样品的 XANES 谱直接得到。f'' 可通过和 f' 的 Kramers-Kronig 关系计算得出。$I_0(q)$ 是样品中电子密度差的傅里叶变换。$I_R(q)$ 只包含了 Cu 原子的空间分布信息。$I_{0R}(q)$ 是交叉项。

程序运行结果如图 3.11 所示。图中的三条曲线由上到下依次为 $I_0(q)$、$I_{0R}(q)$ 和 $I_R(q)$。这样我们得到了共振原子集团的散射强度 $I_R(q)$。通过这个共振原子的散射强度,来了解共振原子集团在材料中的微结构与晶化的演化过程。

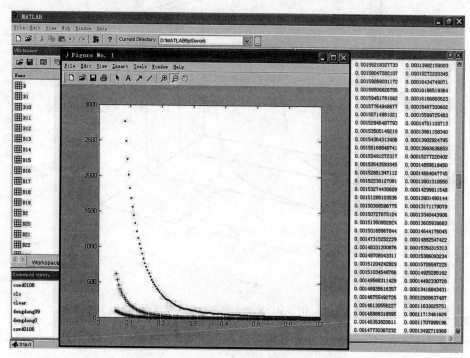

图 3.11　异常小角 X 射线散射的解谱程序

第 4 章　掠入射小角 X 射线散射技术

4.1　掠入射小角 X 射线散射简介

随着同步辐射技术的发展,SAXS 也引起人们越来越多的关注。SAXS 可以获得样品内部纳米尺度(0~100 nm)结构信息,也可以进行原位观察,对观察样品条件要求较低,目前已经得到广泛的应用。然而对于薄膜材料,由于薄膜相对于基底所占比重非常小,透射式 SAXS 获得的基本都是衬底信号,薄膜信号被湮没在基底信号之中,所以 SAXS 对薄膜观测往往无能为力。由于存在 X 射线的外全反射(XRR),所以结合 XRR 以及 SAXS,人们提出了掠入射小角 X 射线散射(GISAXS)。

GISAXS 技术最先由 Joanna Levinehe 等人于 1989 年提出,GISAXS 不仅可以获得样品表面的结构信息,还可以有效获得表层以下的结构信息,同时具有对样品无损伤、可以进行原位测量、对测量环境以及样品本身无特殊要求等优点,近年来受到越来越多的关注。所谓 GISAXS 就是入射 X 光束以小角度掠入射到样品表面,由于样品表面或者表层以下存在纳米尺度的不均匀结构(如量子点、纳米颗粒等),在反射束周围小角度范围内出现散射图案,如图 4.1 所示。

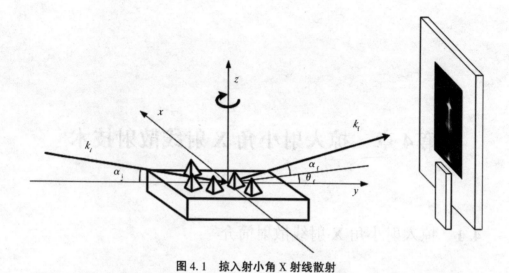

图 4.1　掠入射小角 X 射线散射

GISAXS 的应用主要是阐明自组装系统中几何的表面限制效应和界面修饰效应，或者是分子组件如何形成更复杂的结构。在早期的镜面反射研究中，由于不能理解 GISAXS 的原理，它总是被当作背底而扣除。在过去的十多年里，随着探测设备和理论知识的发展，GISAXS 已经取得了作为探测层状结构和形貌在散射中应有的地位。相对于电镜可直接在有限视场的表面取样，GISAXS 作为一种具有较强穿透性的傅里叶技术，可以提供表面下的结构统计信息。但作为一种非直接方法，它面临的是空间倒置问题。

4.2　掠入射小角 X 射线散射的基本原理

半导体和薄带生长领域带来了对层状结构、量子点等形貌和尺寸知识的需求，推动了 GISAXS 技术的发展。光反射技术只能提供垂直于样品表面的与电子密度相关的信息，相对于反射图像和 GISAXS 中非镜面测量，从散射曲线中可以得到表面粗糙度、半导体点、自组装超晶格或纳米线的尺寸和形状。GISAXS 展现出的优点有：(1)对于整个样品表面给出平均的统计信息；(2)能够应用于运动学相关的不同环境，从超高真空到气态；(3)以入射角为函数的不同探测深度，可表征从表面粗糙度到埋藏粒子或界面。

在掠入射试验中，波矢为 k_i 的 X 射线以零点几度范围的 α_i 角入射到样品表面。被任何类型的粗糙度或电子密度差散射的 X 射线沿着波矢 $k_f(2\theta_f, \alpha_f)$ 方向散射,如图 4.2 所示。

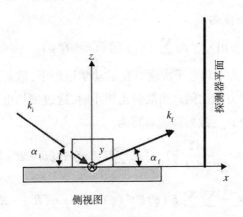

侧视图

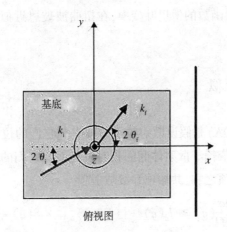

俯视图

图 4.2　GISAXS 的实验图

散射波矢 q 定义为

$$q = \frac{2\pi}{\lambda} \begin{pmatrix} \cos(\alpha_f)\cos(2\theta_f) - \cos(\alpha_i)\cos(2\theta_i) \\ \cos(\alpha_f)\cos(2\theta_f) - \cos(\alpha_i)\sin(2\theta_i) \\ \sin(\alpha_f) + \sin(\alpha_i) \end{pmatrix} \tag{4-1}$$

GISAXS 强度(借助于粒子的形状因子和干涉函数)为

$$\frac{\mathrm{d}\Sigma}{\mathrm{d}\Omega}(q) = \frac{N}{nI_0\Delta\Omega} \tag{4-2}$$

其中，N 为每秒散射到 $(2\theta_\mathrm{f},\ \alpha_\mathrm{f})$ 方向上立体角 $\Delta\Omega$ 内的光子数，I_0 为入射光子通量，n 为总散射粒子的数目。每个散射粒子在衬底上的位置为 $R^i_{/\!/}$，其形状函数为 $S^i(r)$，则电子密度为

$$\rho(r) = \rho_0 \sum_i S^i(r) \otimes \delta(r - R^i_{/\!/}) \tag{4-3}$$

其中，$\otimes$ 为卷积，ρ_0 为平均电子密度。在运动学近似下，散射强度与电子密度傅里叶变换的模的平方成比例。当散射角很小时，通过平均电子密度的归一化和 Thomson 散射半径 r^2_e，散射强度可写为

$$\frac{\mathrm{d}\sigma}{\mathrm{d}\Omega}(q) = \frac{1}{r^2_\mathrm{e}\rho^2_0}\frac{\mathrm{d}\Sigma}{\mathrm{d}\Omega}(q) = \frac{1}{n}\Big|\sum_i F^i(q)\exp(iq\cdot R^i_{/\!/})\Big|^2$$

$$= \frac{1}{n}\sum_i\sum_j F^i(q)F^{j,*}(q)\exp[iq\cdot(R^i_{/\!/} - R^j_{/\!/})] \tag{4-4}$$

其中，$F^i(q)$ 为形状函数的傅里叶变换，在扭曲波玻恩近似中，$F^i(q)$ 有更复杂的表示式。

4.2.1 退耦合近似

退耦合近似（DA）是假设散射粒子的种类和它们的位置是不相关的，这样部分对相关函数只依赖于散射体间的相对位置而与它们的种类无关。最终，散射强度可表述成两项之和，共振项和漫散射项

$$\frac{\mathrm{d}\sigma}{\mathrm{d}\Omega}(q) \cong I_\mathrm{d}(q) + |\langle F(q)\rangle_\alpha|^2 \times S(q)$$

$$I_\mathrm{d}(q) = \langle|F(q)|^2\rangle_\alpha - |\langle F(q)\rangle_\alpha|^2 \tag{4-5}$$

$$S(q) = 1 + \rho_s\int\mathrm{d}^2 R_{ij}g(R^{ij}_{/\!/})\exp[iq\cdot R^{ij}_{/\!/}]$$

其中，$\langle\cdots\rangle_\alpha$ 为对尺寸-形状分布取平均。$I_\mathrm{d}(q)$ 为漫散射部分，与散射体（尺寸，形状）的无序度相关。$S(q)$ 为总干涉函数，用于描述表面上散射体的统计分布和它们的侧相关性。$g(R^{ij}_{/\!/})$ 为部分对相关函数。

4.2.2　局部单分散近似

局部单分散近似(LMA)能够部分地说明散射粒子种类与其位置间的耦合关系。用散射粒子尺寸分布的平均值来代替每个粒子的散射权重,则有

$$\frac{\mathrm{d}\sigma}{\mathrm{d}\Omega}(q) \cong \langle |F(q)|^2 \rangle_\alpha \times S(q) \qquad (4\text{-}6)$$

这个表述渐近地等于 q 值时的退耦合近似

$$S(q) \underset{\cong}{\overset{q \to \infty}{\sim}} 1 \qquad (4\text{-}7)$$

这个近似是假设在共振 X 射线区域,所有的粒子有相同的尺寸,在整个样品中散射体的尺寸-形状变化缓慢。从某一方面来说,在局部单分散近似中,散射强度主要起源于来自单分散系统散射的非共振项之和。

4.2.3　波恩形状因子

波恩形状因子 $F^i = \int_{S^i} \exp(iq \cdot R) \mathrm{d}^3 r$ 是粒子形状的傅里叶变换。在一些具有对称的形状中,三维积分可以简化为一维积分或解析式,如图 4.3 所示。

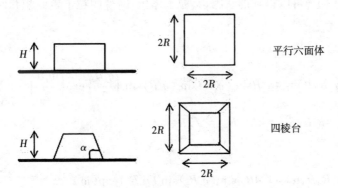

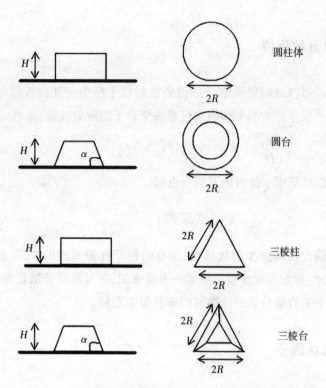

图 4.3　粒子形状的几何图(左:侧视;右:俯视)

与每个粒子相联系的坐标,其原点位于粒子底面的中心,x 轴沿着粒子的一个边,z 轴垂直向上,可以得到形状因子、粒子体积、俯视的粒子表面积和回转半径的数学表达式。

平行六面体

$$F_{pa}(q,R,H) = 4R^2 H \sin_c(q_x R) \sin_c(q_y R) \sin_c\left(\frac{q_z H}{2}\right) \exp\left(\frac{iq_z H}{2}\right)$$

(4-8)

$$V_{pa} = 4R^2 H, S_{pa} = 4R^2, R_{pa} = \sqrt{2}R$$

四棱台

$$F_{py}(q,R,H,\alpha) = \int_0^H 4R_z^2 \sin_c(q_x R_z) \sin_c(q_y R_z) \exp(iq_z z)\,dz$$

(4-9)

$$V_{py} = \frac{4}{3}\tan(\alpha)\left\{R^3 - \left[R - \frac{H}{\tan(\alpha)}\right]^3\right\}, S_{py} = 4R^2, R_{py} = \sqrt{2}R$$

圆柱体

$$F_{cy}(q,R,H) = 2\pi R^2 H \frac{J_1(q_{/\!/} R)}{q_{/\!/} R} \sin_c\left(\frac{q_z H}{2}\right) \exp\left(\frac{iq_z H}{2}\right)$$ （4-10）

$$V_{cy} = \pi R^2 H, S_{cy} = \pi R^2, R_{cy} = R$$

其中, $\sin_c(x) = \sin(x)/x$, $J_1(x)$ 是第一贝塞尔函数。

为了从 GISAXS 数据中获得准确的纳米结构形态特征,进行精确的分析是非常重要的。首先是如何精确分析二维(2D)GISAXS 图像,从而推断纳米结构间的平均距离、形状、尺寸和分布。在分析数据时要切记,小角散射是由相干散射项和非相干散射项组成的,一旦纳米结构的尺寸分布不是单分散的,就会出现相干散射项。相干项是纳米结构形状因子 $F(q)$ 的平方模的乘积,$F(q)$ 是纳米结构形状的傅里叶变换(FT), $S(q_{/\!/})$ 是纳米结构位置的对相关函数的 FT。非相干散射在一般情况下是很难用解析方法计算的,通常使用两种极限情况:(1)退耦合近似(DA),假设纳米结构没有相关性;(2)局部单分散近似(LMA),假设纳米结构尺寸在 X 射线束的相干长度对应的尺度上完全相关。

此外,为了减小体散射并提高表面灵敏度,通常以一个很小的掠射角 α_i 作用在表面,α_i 接近外部全反射 α_c 的临界角。在极小的角度下,表面充当镜面,多级散射效应发挥作用,波恩近似(BA)体现出不足之处,相反,扭曲波玻恩近似(DWBA)更加合适。这是单散射形式的扩展,包括由纳米结构中入射波、反射波和折射波场的扰动引起的不同单散射过程对界面处波的反射-折射的贡献。因此,对于纳米结构,得到了一个不同的表达式,其中通常的形状因子 $F(q)$ 被四项相干总和代替,代表不同的散射。每一项都包括纳米结构形状因子,以不同的值 $\pm q_z = \pm(k_{fz} - k_{iz})$ 和 $\pm p_z = \pm(k_{fz} - k_{iz})$ 计算,并由基底的菲涅耳反射系数 $r(\alpha_i)$ 和 $r(\alpha_f)$ 加权。对于具有不相关粗糙度的基底,菲涅耳反射系数可以通过一个指数项的减小来修正,该指数项依赖于均方根(rms)粗糙度、真空中波矢的 z 分量以及基底中波矢的 z 分量。通过设置 $r(\alpha_i) = r(\alpha_f) = 0$,可以从 DWBA 中恢复 BA 内的形状因子。因此,只有当反射系数可以忽略时,即 α_i 和 α_f 大于等于 $3\alpha_c$ 时,BA 才有效。在同步加速器装置中,可以认为在 $\alpha_i \gg \alpha_c$ 下,以损失散射强度为代价,用 BA 进行一些快速分析。此外,在这种情况下,q_z 会丢失一些信息。为了简单起见,在接下来的介绍部分中,大多数时候讨论的是 BA。

4.2.4　形状因素与干扰函数

　　GISAXS 可以探测纳米结构形态,即形状和大小,原则上可以从形状因子中推导出来。然而,散射强度是形状因子与干涉函数的乘积,如图 4.4 所示。对于密集体系,这两项在 q_y 值较小时具有很强的相关性。然而,在无序系统中,随着波矢传递的增加,干涉函数趋于 1,而散射强度则完全由形状因子决定。因此,为了区分不同的形状并确定纳米结构的尺寸和分布,必须在远离倒置空间的原点和在几个数量级上测量强度。这需要尽可能低的背景,因为形状因子会随着 q_y 值的增加而迅速减小。

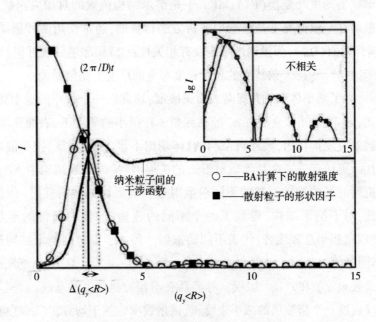

图 4.4　散射强度与形状因子和干涉函数的关系

4.3　简单几何形状的形状因子

下面我们讨论几种简单纳米结构形状的形状因子 $F(q)$：圆柱体、完全或部分出现的球体、完全或截断四面的金字塔形状。

由于纳米结构表面波的反射或折射，有关纳米结构形状的信息可以从对称性得到，还可以通过围绕表面法线旋转样品的表面来探测。此外，如果尺寸分布足够窄，对强度零点或最小值的确定可能对计算平均尺寸有很大帮助。然而，粒径通常是多分散的，在 q 值较大时的渐近状态可以提取平均形状。

对于各向异性的纳米结构，形状因子取决于纳米结构相对于 X 射线的方向。对于多面纳米结构，可以考虑两种重要的情况：沿面或边缘排列的 X 射线。图 4.5 显示了 DWBA 内的形状因子的二维图。如图 4.5 所示，强度在垂直方向 $\alpha_f = \alpha_c$ 处呈现出最大值，这是由于四个散射光束在表面上的干涉效应。对于圆柱体，图案由沿平行和垂直方向完全分离的叶片组成，如图 4.5(a) 所示。对于一个完整的球，存在一个主要的零阶瓣，以及一个一阶弧形瓣，如图 4.5(b) 所示。一个完整金字塔的二维图的特征是主瓣沿着垂直方向拉长，强度单调下降。对于 (001) 表面上的锥形 fcc 纳米结构，主要侧面为 (111)，与表面法线成 54.7°。如果入射的 X 射线束与一个面对齐，散射棒与表面法线成 54.7°，如图 4.5(c) 所示。当角度 ω 在 0°~45° 之间增加时，这些棒的强度变弱。

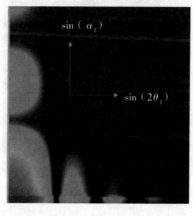

(a)

(b)

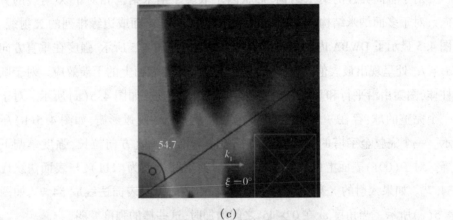

(c)

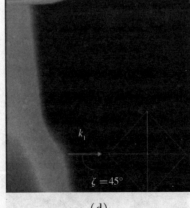

(d)

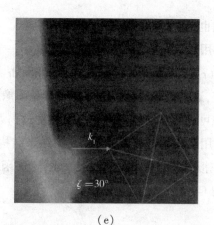

（e）

图 4.5　通过 DWBA 计算的 $F(q)^2$ 因子

（a）圆柱形状（$R=5$ nm，$H/R=1$）；（b）实心球体（$R=5$ nm）；

（c）（d）（e）不同入射方向的金字塔形状（$R=5$ nm）

因此，对二维 GISAXS 模式进行简单的定性分析，可以初步猜测纳米结构的平均形状。然而还需要详细分析强度随 q_y 和 q_z 的变化，以提供有关纳米结构形状的额外信息。

4.4　干涉函数的相关问题

许多理论上的干涉函数都可以用来分析 GISAXS 数据，最常见的是 Debye hard core 干涉函数、Gaussian 对相关函数、Lennard-Jones 对相关函数、gate 对相关函数、Zhu 对相关函数、Venables 对相关函数等。其他一些非常有用的干涉函数是从一维或二次晶体推导出来的。如果纳米结构的相对位置可以由相互作用对势决定，当体系处于平衡状态且接近单分散时，对相关函数可以用基于相互作用气体的热力学方法推导，然而生长在基底上的纳米结构的再分配往往是动力学条件和热力学趋势主导的许多因素竞争的结果，因此纳米结构之间的相互作用势的概念是没有意义的。

在许多情况下，这些函数都不能完全模拟与表面平行的 GISAXS 数据的第一个最大值的确切形状，以及接近倒置空间原点的强度演化。利用其他测试手段，如透射电子显微镜（TEM）、扫描电子显微镜（SEM）或原子力显微镜（AFM）

推导出异常干涉函数也是有可能的。

Revenant 等人利用数字化的 TEM 平面视图定义了一个特殊的干涉函数,纳米结构对相关函数 $g(r)$ 由距离原始纳米结构 r 和 $r + dr$ 之间的表面单位纳米结构质量中心数确定,通过排除边缘纳米结构来避免图像边缘效应。数千个纳米结构的大尺度图像可以导出纳米结构对相关函数 $g(r)$ 及其傅里叶变换,即干涉函数 $S(q_{/\!/})$,后者用双参数函数 D 和 σ (D 为纳米结构间距离,σ 为无序参数)进行拟合,以便在拟合过程中引入。最后发现,这一函数比模型函数更适合于拟合所有沉积物的 GISAXS 数据。

4.5 快速分析推断纳米结构的大小和形状

考虑到全面定量分析的复杂性,可以使用 GISAXS 程序快速分析推断纳米结构的形状,以及计算其平均大小。下面将说明这种快速分析的不同情况。

4.5.1 小多分散性情况

在小多分散性的情况下,即当所有纳米结构在尺寸和形状上都很接近时,形状因子零的位置指示了形态参数。如图 4.6 所示,以形状因子的平方模量作为 $q_y \langle R \rangle h$ 的函数,其中 $\langle R \rangle h$ 是纳米结构的半平行特征尺寸 R 在垂直于界面的坐标 h 上的平均值。对于圆柱体和球体等各向同性的纳米结构,所有的 $|F(q_y \langle R \rangle_h)|^2$ 函数在平行平面上用 Bessel 函数表示,因此在 $q_y \langle R \rangle h \simeq 3.9$ 处都为零,如图 4.6(a)所示。对于光束沿面对齐的四棱台形状的结构,所有 $|F(q_y \langle R \rangle h)|^2$ 函数都用 $\sin(x)/x$ 的线性组合表示,因此在 $q_y \langle R \rangle h \simeq 3.3$ 处为它们的第一个零点,图 4.6(b)所示。当光束线沿着柱面、球面和四棱台的某一个面对齐,$|F(q_y \langle R \rangle h)|^2$ 函数呈现出几个明显的叶瓣。对于光束线沿着某个边对齐,大量截断的四棱台(通常 $H/R \leqslant 0.5$)第一个零点或最小值在 $q_y \langle R \rangle h \simeq 4.5$ 处,如图 4.6(c)所示。这个值对应于之前的零值(沿面对齐的光束)乘以 $\sqrt{2}$,相反,$|F(q_y \langle R \rangle h)|^2$ 函数在完全四棱台($H/R = 1.4$)或略微截断的四棱台(通常 $H/R \geqslant 0.9$)中以单调的方式减小。

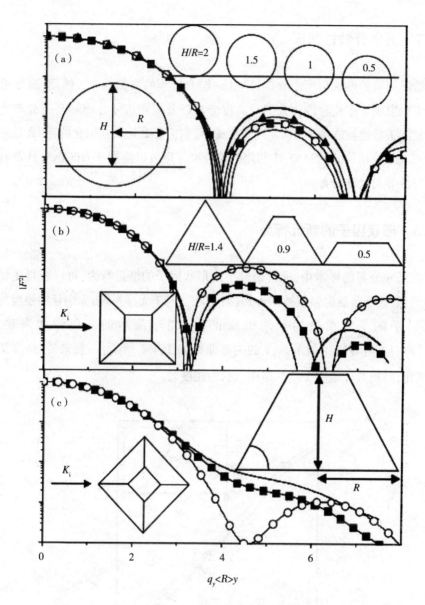

图 4.6　通过 BA 计算的形状因子平方模量

4.5.2 大多分散性情况

纳米结构的形状和尺寸分布是生长-结合过程的自然结果。然而,成核过程的类型取决于生长阶段。人们对高度分布以及横向尺寸分布和高度分布之间的相互关系也知之甚少。从实际角度来看,它们要么是独立拟合的,要么是完全相关或部分相关的。SAXS 中使用的拟合程序也可以应用于 GISAXS,从散射的线形推导出尺寸分布。

4.5.3 形状因子的渐近行为

在尺寸分布的样本中,通过研究平均形状因子的渐近行为,可以获得更详细的信息,在小角散射领域被称为 Porod 方法。对于无序系统, q 向量的强度与形状因子的平方模量的平均值成正比。对于简单的几何形状来说, $\lg(\langle|F^2|\rangle)$ 与 $\lg(q_y)$ 或 $\lg(q_z)$ 的关系曲线如图 4.7 所示,一般来说,强度随 q^{-n} 变化,其指数 n 取决于纳米结构形状的锐度。

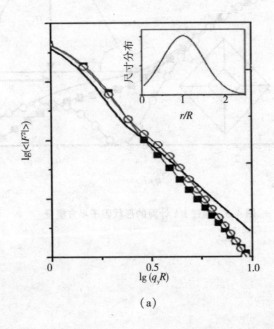

(a)

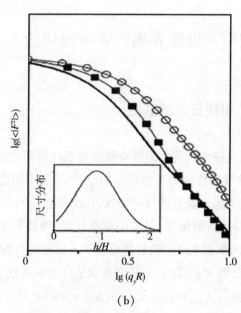

（b）

图 4.7　应用 BA 计算的 $\lg(\langle |F^2| \rangle)$

4.5.4　GISAXS 图像的快速分析

这种分析的目的是简单、快速地估计纳米结构的平均形态参数：纳米结构之间距离 D、直径 d 和高度 h。在本书中，无论纳米结构的真实形状如何，纳米结构均采用球形或圆柱体模型，没有尺寸分布。这些粗略的近似是为了使计算更加简单和快速。在与表面平行的方向上，强度表示为

$$I(q_y) = A_{/\!/} |F(q_y)|^2 S(q_y) \tag{4-11}$$

其中，$A_{/\!/}$ 为比例常数，$F(q_y)$ 为形状因子表达式，$S(q_y)$ 为干扰函数

$$S(q_y) = \{1 + e^{-|q_y - q_{y0}|D/\pi} \cos[q_y - q_{y0}] D\} E(q_y) \tag{4-12}$$

$$E(q_y) = 1 - \cfrac{1}{1 + e^{D/2(|q_y - q_{y0}| - 4\pi/D)}} \tag{4-13}$$

其中，q_{y0} 为 q_y 坐标中的最大值。

4.6　探测近表面和埋藏界面内密度起伏的 X 射线技术

4.6.1　掠入射 X 射线技术的基础

GISASX 可以通过探索所谓的倒置空间或傅里叶空间来探测纳米结构。纳米结构的 GISASX 原理与传统的 X 射线衍射原理相同,不同之处在于:(1)由于研究的物质体积较小,通常需要进行同步 X 射线辐射;(2)入射 X 射线波矢 k_i 相对于样品表面保持掠入射角度,以减小背景散射(弹性和非弹性),并增强近表面散射。波矢 k_f 的散射光束使散射角相对于入射波矢为 2θ。波矢传递定义为 $q = k_f - k_i$,通常分解为 $q_{/\!/}$ 和 $q_\perp$,分别表示平行于和垂直于表面。$q_\perp$ 的绝对值为 α_i 和 α_f 的函数: $|q_\perp| = q_z = k_0 [\sin(\alpha_f) + \sin(\alpha_i)]$,其中, $k_0 = |k_f| = |k_i| = 2\pi/\lambda$ 。

在 GISAXS 和在 GIXS 中,角坐标与波矢传递坐标的关系为

$$q_x = k_0 [\cos(2\theta_f)\cos(\alpha_f) - \cos(\alpha_i)]$$
$$q_y = k_0 [\sin(2\theta_f)\cos(\alpha_f)]$$
$$q_z = k_0 [\sin(\alpha_f) + \sin(\alpha_i)]$$
$$k_0 = 2\pi/\lambda$$

$$(4-14)$$

当所有角度都很小时,波矢传递也很小,通常在 $0\sim1$ nm^{-1} 之间,因此在真实空间中可以探测到更大的维度。相应的技术是:(1)XRR 在镜面几何中探测垂直于表面的密度剖面,在非镜面几何中探测大的横向电子密度相关性(沿着 q_x 方向), (2)GISAXS 用于探测平行于表面(沿着 q_y 方向)和垂直于表面(沿着 q_z 方向)的形态。

4.6.2　掠入射 X 射线散射的理论背景

尽管存在相位问题,但 GISAXS 的一个关键优势是可以使用合适的模型在近似范围内进行数据分析。事实上,与相互作用的粒子如电子或可见光子相反,X 射线与物质的相互作用很弱,除了高度完美的晶体,多重散射可以被忽

略。当标准 BA 开始失效,多重散射效应开始发挥作用。换句话说,在散射过程中,界面反射和折射的动力学效应不能再被忽略。这一节致力于用理论框架即 DWBA 对掠入射角的散射进行理论处理。

4.6.2.1　X 射线在界面的传播

定义单色平面波通常有两种方法:

(1)晶体学惯例 $A \propto e^{i(\omega t - k \cdot r)}$。

(2)量子力学或者光学惯例 $A \propto e^{i(k \cdot r - \omega t)}$。

本书采用了晶体学惯例, $n = 1 - \delta - i_\beta$,其中 $\delta, \beta > 0$, $q = k_f - k_i$,函数 $F(r)$ 的傅里叶转换定义为

$$F(q) = \int_V F(r) e^{iq \cdot r} dr \qquad (4-15)$$

4.6.2.2　X 射线在三维中的传播

X 射线电磁场服从经典的麦克斯韦方程

$$\nabla \times E = -\frac{\partial B}{\partial t}$$

$$\nabla \times H = \frac{\partial D}{\partial t} \qquad (4-16)$$

$$\nabla \cdot D = 0$$

$$\nabla \cdot B = 0$$

通常, E 是电场, H 是磁场, D、B 对应相关的位移场。这些量取决于空间坐标 r 和时间 t。方程适用于自由电荷和自由电流介质,对于以相对介电常数 $\varepsilon(r)$ 为特征的非磁性介质,则有

$$D = \varepsilon(r) \varepsilon_0 E$$

$$B = \mu_0 H \qquad (4-17)$$

当假定传播无延迟时,介电常数的时间依赖性降低。ε_0 和 μ_0 为真空的介电常数和磁常数。磁性介质的散射问题超出了本书的讨论范围,因此把这个问题限制在介电常数的变化。利用 DWBA 框架的镜面反射率、漫反射散射以及结构和磁性粗糙界面的共振散射与多层膜的问题得到了解决。统一使 $\nabla \times \nabla \times A = \nabla(\nabla \cdot A) - \nabla^2 A$, $\nabla \cdot (fA) = f\nabla \cdot A + \nabla f \times A$,得到电场和磁场的传播方程

$$\nabla^2 E - \varepsilon_0 \mu_0 \varepsilon(r) \frac{\partial^2 E}{\partial^2 t} = - \nabla(\nabla \ln \varepsilon(r) \cdot E)$$

$$\nabla^2 H - \varepsilon_0 \mu_0 \varepsilon(r) \frac{\partial^2 H}{\partial^2 t} = - \nabla \ln \varepsilon(r) \times (\nabla \times H)$$

$$(4-18)$$

对于与 $e^{i\omega t}$ 相关的时间谐波,则方程变为

$$[\nabla^2 + \varepsilon(r) k_0^2] E = - \nabla(\nabla \ln \varepsilon(r) \cdot E)$$

$$[\nabla^2 + \varepsilon(r) k_0^2] H = - \nabla \ln \varepsilon(r) \times (\nabla \times H)$$

$$(4-19)$$

其中,引入了真空中平面波的色散关系, $k_0^2 = \varepsilon_0 \mu_0 \omega^2$。

4.6.2.3　介电常数和折射率

与可见光不同,通过折射率来描述 GISASX 与物质的相互作用,依赖于波频率与特征原子跃迁频率之间的差异。在这种情况下,指数或密度是在局部尺度上确定的,即取决于实验技术的分辨率。介电常数 $\varepsilon(r)$ 与介质的电极化密度 ρ 有关

$$D = \varepsilon_0 \varepsilon(r) E = \varepsilon_0 E + \rho \qquad (4-20)$$

在束缚电子的经典模型中,电子受到三种力的作用:

(1)来自入射 X 射线 $E = E_0 e^{i\omega t}$ 的电场力 $F_e = - eE$。

(2)由于电子与原子核结合的复原力 $Fr = - m\omega_0^2 r$,与电子从静止位置到位置 r 的位移成正比。

(3)阻尼力 $F_d = - \Gamma dr/dt$,主要是由于加速电子的散射能量损失和光子的吸收。

电子的运动方程如下

$$\frac{d^2 r}{dt^2} + \Gamma \frac{dr}{dt} + \omega_0^2 r = - eE e^{i\omega t} \qquad (4-21)$$

求与时间谐波有关的 $F_d = r_0 e^{i\omega t}$,受迫振子的振幅为

$$r_0 = - \frac{eE_0}{m} \frac{1}{\omega_0^2 - \omega^2 - i\omega \Gamma} \qquad (4-22)$$

在远离吸附边的 X 射线区域,束缚电子的本征频率 $\omega_0 \simeq 10^{15} s^{-1}$ 远小于 X 射线 $\omega_0 \simeq 10^{19} s^{-1}$ 的驱动频率。因此,前面的方程可以简化为经典的汤姆逊表达式 $r_0 \simeq eE_0/m\omega^2$。由密度 ρ_e 的未耦合电子引起的偶极子密度为: $\rho \simeq - e^2 \rho_e E_0/m\omega^2$,

得到介电常数为

$$\varepsilon_r = 1 - \frac{r_e \rho_e \lambda^2}{4\pi} \qquad (4-23)$$

其中,经典电子半径 $r_e = e^2/4\pi\varepsilon_0 mc^2 = 2.8 \times 10^{-15}$, $\omega = 2\pi c/\lambda$。当 $\lambda \simeq 1$ Å, $\rho_e \simeq 1e$ Å^{-3} 时,折射率为

$$n_e = \sqrt{\varepsilon r} = 1 - \delta, \delta = \frac{r_e \rho_e \lambda^2}{2\pi} \qquad (4-24)$$

由于吸收而产生的虚部 $\beta \sim 10^{-6}$,也就是加入阻尼项 Γ,可以得到全复折射率 $n = 1 - \delta - i\beta$。将波在介质中传播的空间依赖性定义为 $e^{i2\pi n/\lambda z}$,通过 $\beta = \lambda\mu/4\pi$ 可知,β 与光强的线性吸收系数 μ 有关,n 与原子散射形态因子(即电子云的傅里叶变换) $f(q) = f^0(q) + f' + if''$($q$ 是散射波矢)和原子密度 ρ_a 有关

$$n = 1 - \delta - i\beta;$$

$$\delta = \frac{r_e \rho_a (f^0(0) + f')\lambda^2}{2\pi};$$

$$\beta = \frac{r_e \rho_a f''\lambda^2}{2\pi} \qquad (4-25)$$

对 $f^0(q)$ 施加异常色散修正 $f' + if''$ 是由吸收边引起的,并且依赖于光子能量 E,$f(q)$ 可以用量子力学来描述,$f^0(0)$ 是每个原子的电子数。折射率 δ、β 以及色散修正 f'、f'' 和吸收系数的完整数据集可以在网上找到。典型的数量级如图 4.8 所示。

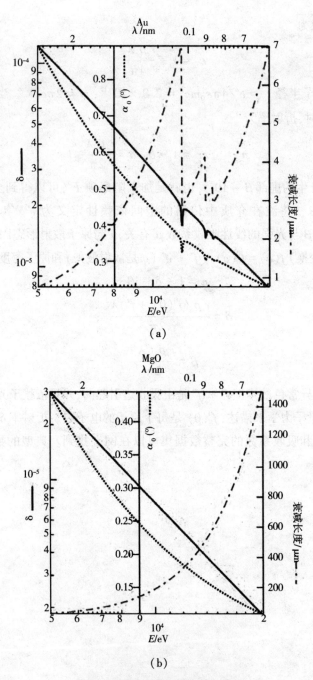

图 4.8　不同物质折射率的数量级

（a）Au；（b）MgO

4.6.2.4　X 射线在层状介质中的传播与亥姆霍兹方程

X 射线在分层介质中传播时,其介电常数仅与垂直于堆积方向的空间坐标 z 有关。波场可以分为两部分:

(1)电场 E 沿垂直于入射平面的 y 方向排列的 s 极化波。

(2)电场 E 在入射平面上,磁场 H 沿 y 方向排列 p 极化波。

两种类型的波在反射或折射时都没有去极化,此外,任何类型的波都可以分解为 s 分量或 p 分量。

对于 s 极化波,由于介电常数和电场 E_y 只与 z 有关,E 的 y 分量为一个标量, $[\nabla^2 + \varepsilon(r)k_0^2]E = -\nabla(\nabla\ln\varepsilon(r)\cdot E)$ 可简化为

$$\left[\frac{\partial^2}{\partial^2 z} + \varepsilon(z)k_0^2\right]E_y = 0 \tag{4-26}$$

根据 $[\nabla^2 + \varepsilon(r)k_0^2]H = -\nabla\ln\varepsilon(r)\times(\nabla\times H)$,可以推导出 p 极化场下 H 的 y 分量的类似方程

$$\left[\frac{\partial^2}{\partial^2 z} + \varepsilon(z)k_0^2\right]H_y = \frac{\partial\ln[\varepsilon(z)]}{\partial z}\frac{\partial H_y}{\partial z} \tag{4-27}$$

如前面所述,介电常数 $\varepsilon(z)$ 和折射率 $n(z) = \sqrt{\varepsilon(z)}$ 在 X 射线波长范围内非常接近,因此可以忽略,公式(4-27)可以简写为

$$\left[\frac{\partial^2}{\partial^2 z} + \varepsilon(z)k_0^2\right]H_y = 0 \tag{4-28}$$

因此,无论磁场的电性如何,X 射线波都服从类似的亥姆霍兹方程。

4.6.2.5　边界条件

电场和磁场的边界条件来自于麦克斯韦方程组。E 或 H 沿穿过法向 n 界面的矩形闭合回路的路径积分,该界面将两种介质分隔开,通过其在规定区域内的旋转通量积分给出,如图 4.9 所示。

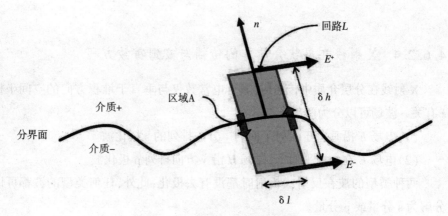

图 4.9　电磁边界条件推导几何图

对于 E 只有一个分量,与界面平行的 s 极化波,$E_y(z = 0^+) = E_y(z = 0^-)$。通过麦克斯韦方程计算磁场

$$H_x = \frac{1}{i\omega\mu_0} \frac{\partial E_y}{\partial z} \tag{4-29}$$

H_x 的连续性导致了电场切向分量一阶导数的连续性

$$\left(\frac{\partial E_y}{\partial z}\right)(z = 0^+) = \left(\frac{\partial E_y}{\partial z}\right)(z = 0^-) \tag{4-30}$$

对于 p 极化波在层状介质中的传播,同样得到 $H_y(z = 0^+) = H_y(z = 0^-)$。$E_x$ 的连续性意味着

$$\left[\frac{1}{\varepsilon(z)} \frac{\partial H_y}{\partial z}\right](z = 0^+) = \left[\frac{1}{\varepsilon(z)} \frac{\partial H_y}{\partial z}\right](z = 0^-) \tag{4-31}$$

用麦克斯韦方程将 H_y 与 E 的切向分量联系起来

$$E_x = -\frac{1}{i\omega\varepsilon_0\varepsilon(z)} \frac{\partial H_y}{\partial z} \tag{4-32}$$

同样,因为 $\varepsilon(z)$ 和 X 射线波长之间只有微小的差异,H_y 的法向导数也具有连续性。

4.6.2.6　与薛定谔方程的类比

对于分层介质来说:

(1)垂直于入射面的电 E_y(磁 H_y)分量,在 s(p)极化波的情况下,X 射线波场的传播可以简化为标量亥姆霍兹方程。

（2）这些分量及其正常导数在界面上是连续的。因此，对于 $n^2 \simeq \varepsilon \simeq 1$ 的 X 射线，波矢特征可以被舍掉，并被一个标量 $\Psi(z)$ 代替，该标量 $\Psi(z)$ 服从以下公式

$$[\nabla^2 + k_0^2 n(z)^2] \Psi(z) = 0 \ ;$$

$$\Psi(z = 0^+) = \Psi(z = 0^-) \tag{4-33}$$

$$\left(\frac{\partial \Psi}{\partial z}\right)(z = 0^+) = \left(\frac{\partial \Psi}{\partial z}\right)(z = 0^-) \tag{4-34}$$

对于 $n(z) = n$ ，平面波 $e^{ik_0 nz}$ 是明显的解。可以用薛定谔方程进行完整的类比

$$\left[-\frac{h^2}{2m} \nabla^2 + V(z) \right] \Psi(z) = \xi \psi(z) \tag{4-35}$$

此公式描述了能量粒子 ξ 在一维势 $V(z) = -h^2 k_0^2 n^2(z)/2m + \xi$ 中波函数的传播。$\Psi(z)$ 及其导数的连续性是概率通量守恒的结果。

4.6.2.7　斯涅尔–笛卡尔定律、菲涅尔系数和穿透深度

斯涅尔–笛卡尔定律、菲涅尔系数是传播方程及其边界条件的简单结果。在真空中，波场由波矢 k_i 和振幅 A_i 的入射平面波 $A_i e^{-ik_i r}$ 与反射平面波（波矢 K_r，振幅 A_r）叠加而成，而透射平面波（波矢 K_r 和振幅 A_r）出现在介质内部。与通常的 X 射线反射率一样，入射角 α_i 、反射角 α_r 和折射角 α_t 是从衬底表面定义的，并且与波矢有关

$$K_i = k_0 \left[\cos(\alpha_i) e_x - \sin(\alpha_i) e_z \right] \tag{4-36}$$

$$K_r = k_0 \left[\cos(\alpha_i) e_x + \sin(\alpha_i) e_z \right] \tag{4-37}$$

$$K_t = n k_0 \left[\cos(\alpha_t) e_x - \sin(\alpha_t) e_z \right] \tag{4-38}$$

假设透射波被足够厚的基底完全吸收，则 $z = 0$ 时的边界条件为

$$A_i e^{-k_0 \cos(\alpha_i)x} + A_r e^{-k_0 \cos(\alpha_i)x} = A_t e^{-n k_0 \cos(\alpha_t)x}$$

$$A_i \sin(\alpha_i) e^{-k_0 \cos(\alpha_i)x} - A_r \sin(\alpha_i) e^{-k_0 \cos(\alpha_i)x} = A_t \sin(\alpha_i) e^{-n k_0 \cos(\alpha_t)x} \tag{4-39}$$

$A_i e^{-k_0 \cos(\alpha_i)x} + A_r e^{-k_0 \cos(\alpha_i)x} = A_t e^{-n k_0 \cos(\alpha_t)x}$ 对任意 x 均有效，由此产生了斯涅尔–笛卡尔定律

$$\alpha_i = \alpha_r \ , \ \cos(\alpha_i) = n \cos(\alpha_t) \tag{4-40}$$

就波矢而言，这个方程意味着平行于表面的 k 分量是守恒的，这是界面平移不

变性的直接结果。将边界条件改写为

$$A_i + A_r = A_t$$

$$\sin(\alpha_i)A_i - \sin(\alpha_i)A_r = \sin(\alpha_t)A_t \tag{4-41}$$

可以计算振幅 $r = A_r/A_i$ 的反射系数以及透射系数 $t = A_t/A_i$（即菲涅耳系数）

$$r = \frac{\sin(\alpha_i) - n\sin(\alpha_t)}{\sin(\alpha_i) + n\sin(\alpha_t)} = \frac{k_{i,z} - k_{t,z}}{k_{i,z} + k_{t,z}} \; ;$$

$$t = \frac{2\sin(\alpha_i)}{\sin(\alpha_i) + n\sin(\alpha_t)} = \frac{2k_{i,z}}{k_{i,z} + k_{t,z}} \tag{4-42}$$

强度中相应的反射率 $R = |r|^2$ 和透射率 $T = |t|^2$ 由 r 和 t 模的平方得到。上述公式引入斯涅尔－笛卡尔定律得到

$$r = \frac{\sin(\alpha_i) + \sqrt{n^2 - \cos(\alpha_i)}}{\sin(\alpha_i) - \sqrt{n^2 - \cos(\alpha_i)}} \; ;$$

$$t = \frac{2\sin(\alpha_i)}{\sin(\alpha_i) + \sqrt{n^2 - \cos(\alpha_i)}} \tag{4-43}$$

结合掠入射角假设 $\alpha_i \ll 1$ 和 $n^2 = 1 - 2\delta - 2i\beta = 1 - \alpha_c^2 - 2i\beta$ ，最后得出

$$r = \frac{\alpha_i - \sqrt{\alpha_i^2 - \alpha_c^2 - 2i\beta}}{\alpha_i + \sqrt{\alpha_i^2 - \alpha_c^2 - 2i\beta}} \; ;$$

$$t = \frac{2\alpha_i}{\alpha_i + \sqrt{\alpha_i^2 - \alpha_c^2 - 2i\beta}} \tag{4-44}$$

$\alpha_c = \sqrt{2\delta}$ 是全外反射临界角。如图 4.10 所示，α_c 仅在零点几度的范围内。α_c 与材料电子密度的平方根成比例。根据斯涅尔－笛卡尔定律，在介质中传播的波的振幅表现为

$$\Psi_t \sim A_t e^{-k_0 n\cos(\alpha_t)x + k_0 n\sin(\alpha_t)z} = A_t e^{-k_0\cos(\alpha_t)x} e^{ik_0 n\sin(\alpha_t)z} \tag{4-45}$$

根据 $-2k_0\text{Im}[n\sin(\alpha_t)] = 1/\Lambda(\alpha_i)$ ，似乎波强 $|\Psi_t|^2$ 随着介质内部深度的增加呈指数下降。$\Lambda(\alpha_i)$ 是穿透深度，则有

$$\frac{1}{\Lambda(\alpha_i)} = -2k_0\text{Im}[\sqrt{\alpha_i^2 - \alpha_c^2 - 2i\beta}] \tag{4-46}$$

图 4.10 展示了反射系数、透射系数、穿透深度以及归一化入射角 α_i/α_c 的函数的图像。因为折射率的虚部总是很小（ $\beta \ll 1$ ），作为 α_i 的函数，可以区分

为三种不同的状态。

（1）$\alpha_i \ll \alpha_c$：当 $r \simeq -1$ 时，反射波与入射波相位相反。由于 α_t 几乎是假想的，透射波是一种隐失波，因此在 $\Lambda_c = 1/2k_0\alpha_c$ 穿透深度下与表面平行传播。这是 X 射线的全外反射现象。

（2）$\alpha_i = \alpha_c$：当 $r \simeq 1$ 时，入射波和反射波几乎同相，而透射波接近入射波的两倍。在 $\alpha_i \geqslant \alpha_c$ 处观察到反射强度急剧下降。

（3）$\alpha_i \gg \alpha_c$：菲涅耳系数的渐近行为为 $r \simeq \alpha_c^2/4\alpha_i^2$，$t \simeq 1$。穿透深度仅受到材料中所吸收 β 的限制，几乎完全透射，反射波与入射波同相。

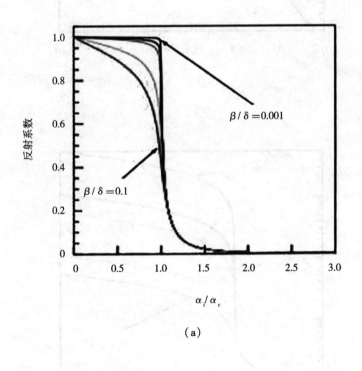

（a）

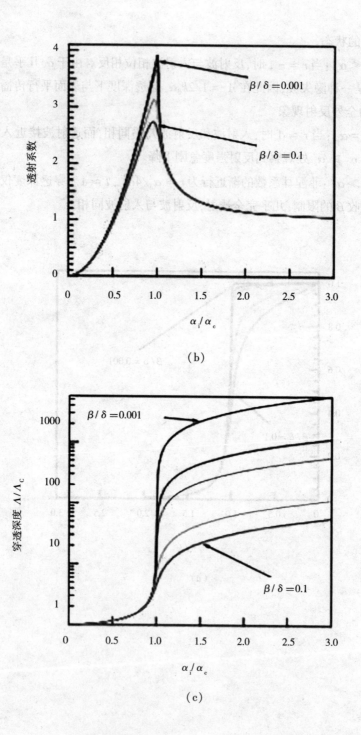

（b）

（c）

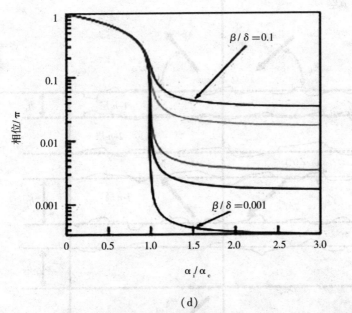

（d）

图 4.10　反射系数、透射系数、穿透深度以及归一化入射角 α_i/α_c 的函数

4.6.2.8　层状材料中的反射和透射:矩阵形式

处理具有不同厚度和电子密度的堆叠层非常重要, X 射线反射率被证明是提供这些结构参数的重要技术。

用 j 标记的 N 层堆叠,从真空系统界面 ($j = 0, z = 0$) 开始,到基板界面 ($j = N, z = 0$) 结束,如图 4.11 所示。

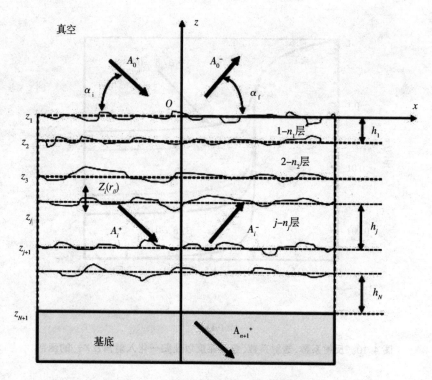

图 4.11   多层结构中 X 射线的传播

位于 z_j 和 z_{j+1} 之间的每一层都以其折射率 n_j 和厚度 $z_j - z_{j+1}$ 为特征,波场 Ψ_j 分别在振幅为 A_j^+ 向下和 A_j^- 和向上的传播的波的每一层 j 中形成

$$\Psi_j = [A_j^+ e^{ik_{z,j}^z} + A_j^- e^{-ik_{z,j}^z}] e^{-ik_x x} \tag{4-47}$$

$A_0^\pm$ 和 $A_N^\pm$ 是真空内部和基底中波的振幅。在前面的方程中,使用了波向量 k_x 的平行分量守恒和反射定律。各层中波矢 $k_{z,j}$ 的垂直分量由斯涅尔-笛卡尔定律得到

$$k_{z,j} = \sqrt{n_j^2 k_0^2 - k_x^2} \tag{4-48}$$

使用每个界面处的连续性方程,并考虑到每个层中的传播项,所有振幅 $A_j^\pm$ 的计算按矩阵处理,矩阵将相邻层之间的这些量关联起来

$$\begin{bmatrix} A_j^+ \\ A_j^- \end{bmatrix} = \begin{bmatrix} p_{j,j+1} e^{i(k_{z,j+1}-k_{z,j})z_{j+1}} & m_{j,j+1} e^{-i(k_{z,j+1}+k_{z,j})z_{j+1}} \\ m_{j,j+1} e^{i(k_{z,j+1}+k_{z,j})z_{j+1}} & p_{j,j+1} e^{-i(k_{z,j+1}-k_{z,j})z_{j+1}} \end{bmatrix} \times \begin{bmatrix} A_{j+1}^+ \\ A_{j+1}^- \end{bmatrix} \tag{4-49}$$

其中

$$p_{j,j+1} = \frac{k_{z,j} + k_{z,j+1}}{2k_{z,j}} \, , \, m_{j,j+1} = \frac{k_{z,j} - k_{z,j+1}}{2k_{z,j}} \tag{4-50}$$

事实上,在连续极限下,上述矩阵形式给出了一组反射系数和透射系数的耦合微分方程。通过假设基底无限厚,即基底 A_{N+1}^- 内没有向上传播的波,方程组是封闭的。写作

$$\begin{bmatrix} A_0^+ \\ A_0^- \end{bmatrix} = \begin{bmatrix} M_{11} & M_{12} \\ M_{21} & M_{22} \end{bmatrix} \times \begin{bmatrix} A_{N+1}^+ \\ 0 \end{bmatrix} \tag{4-51}$$

得到叠加反射系数 r_s 及其透射系数 t_s

$$r_s = \frac{A_0^+}{A_0^-} = \frac{M_{12}}{M_{22}} \, ;$$

$$t_s = \frac{A_{N+1}^+}{A_0^-} = \frac{1}{M_{22}} \tag{4-52}$$

这一结果是所有拟合层状材料反射率曲线算法的核心。最好的例子就是在无限厚基底上厚度为 h 的均匀板内的传播

$$r_s = \frac{r_{0,1} + r_{1,2}\mathrm{e}^{2ik_{z,1}h}}{1 + r_{0,1}r_{1,2}\mathrm{e}^{2ik_{z,1}h}} \, , \, t_s = \frac{t_{0,1}t_{1,2}\mathrm{e}^{ik_{z,1}h}}{1 + r_{0,1}r_{1,2}\mathrm{e}^{2ik_{z,1}h}} \tag{4-53}$$

其中,在界面 i , j 处的反射系数 r_{ij} 和透射系数 t_{ij} 为

$$r_{ij} = \frac{k_{z,i} - k_{z,j}}{k_{z,i} + k_{z,j}} \, , \, t_{ij} = \frac{2k_{z,i}}{k_{z,i} + k_{z,j}} \tag{4-54}$$

相位因子 $\mathrm{e}^{2ik_{z,1}h}$ 是两个反射光束之间的路径差。由于在胶片顶部和底部的反射波之间存在交替的同相和异相干涉,反射率曲线表现出 Kiessig 条纹的振荡。在倒置波矢中,它们的间距由 $2\pi/h$ 得到。

4.6.2.9　粗糙度对菲涅耳系数的影响:Névot-Croce 和 Debye-Waller 修正

界面的粗糙度降低了反射系数,因为强度的一部分被散射出去。Croce 和 Névot 解决了粗糙表面散射这一长期存在的问题,得出了一个界面反射系数的自洽方程。在高波矢传输时,平面的反射系数通过一个称为 Névot-Croce 因子的系数降低。后来,Vidal 和 Vincent 将这种方法推广到多层膜上。

假设 j 层和 $j+1$ 层之间界面的垂直位置 $Z_{j+1} + z_{j+1}(r_{/\!/})$ 在长度标度 $\xi_{/\!/}$ 小于 X 射线束的投影相干长度 L_{coh} 的情况下以 $z_{j+1}(r_{/\!/})$ 迅速波动。换句话说,沿向上和向下传播的波的扩展仍然有效,但两层之间的相位关系仅在平均情况下是正确的,如图 4.12(a)所示。根据层间转移矩阵,这相当于取波动量 $z_j(r_{/\!/})$ 上指数相位项的平均值。在 $\langle z_{j+1}(r_{/\!/}) \rangle$ 中的最低阶(与这种近似的有效性范围相对应)发现

$$p_{j,j+1} = \frac{k_{z,j} + k_{z,j+1}}{2k_{z,j}} e^{-i(k_{z,j}+k_{z,j+1})\langle z_{j+1}(r_{/\!/}) \rangle} \qquad (4-55)$$

$$m_{j,j+1} = \frac{k_{z,j} - k_{z,j+1}}{2k_{z,j}} e^{-i(k_{z,j}+k_{z,j+1})\langle z_{j+1}(r_{/\!/}) \rangle} \qquad (4-56)$$

Névot-Croce 系数导致反射系数和透射系数降低

$$r_{j,j+1} = r_{j,j+1}^0 e^{-2k_{z,j}k_{z,j+1}\langle z_{j+1}^2(r_{/\!/}) \rangle} \qquad (4-57)$$

$$t_{j,j+1} = t_{j,j+1}^0 e^{(k_{z,j}-k_{z,j+1})\langle z_{j+1}^2(r_{/\!/}) \rangle/2} \qquad (4-58)$$

如果忽略吸收,当 $k_{z,j}$ 变为纯虚数时,在临界角以下的角度范围内,粗糙度对反射率没有影响。远高于临界角时,折射开始可以忽略不计,即 $k_{z,i} \simeq k_{z,j+1} \simeq q_z/2$,导致 BA 中的德拜-沃勒式衰减系数 $e^{-2k_{z,j}\langle z_{j+1}^2(r_{/\!/}) \rangle}$ 的出现,当切平面近似时,可以获得后者,如图 4.12(b)所示。事实上,当 $\xi_{/\!/} k_{z,j}^2/k_0 \gg 1$ 时,假设场沿表面以不同高度反射,则在入射光束和反射光束之间形成精确的相位关系。

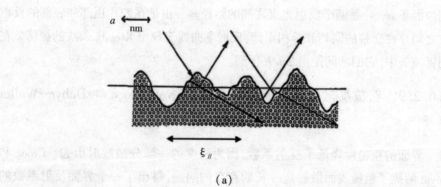

(a)

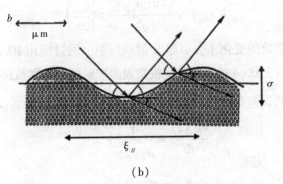

（b）

图 4.12　以 $\xi_{/\!/}$ 为函数的粗糙表面的散射示意图

4.6.2.10　反射率和反射率的运动学近似

尽管矩阵形式准确地描述了界面上反射的动力学效应,但在运动学或单次散射近似下,可以获得更直观的解析表达式。有效范围远高于临界角 $\alpha_i \gg \alpha_c$。反射系数是通过忽略界面处的多次反射和折射对传播方向的影响而得出的,如图 4.13 所示。对于基底上的 N 层结构,只有埋深为 z_j 的每个界面处的反射波之间的干扰,原因如下

$$r_{KA} = \sum_{j=0}^{N} r_{j,j+1} \mathrm{e}^{iq_z z_j} \tag{4-59}$$

根据运动学假设,$q_z = 2k_{0,z}$ 是独立于深度的垂直波矢传递。$r_{j,j+1}$ 可以进一步简化,忽略分母 $k_{z,j} \simeq k_{z,j+1} = q_z/2$ 中的折射

$$r_{j,j+1} = \frac{k_{z,j} - k_{z,j+1}}{k_{z,j} + k_{z,j+1}} = \frac{k_{z,j}^2 - k_{z,j+1}^2}{(k_{z,j} + k_{z,j+1})^2} \simeq k_0^2 \frac{n_j^2 - n_{j+1}^2}{q_z^2} \tag{4-60}$$

当层的厚度无穷小时,反射系数为

$$r_{KA} = -\frac{k_0^2}{q_z^2} \int_{-\infty}^{+\infty} \frac{\mathrm{d}n^2(z)}{\mathrm{d}z} \mathrm{e}^{iq_z z} \mathrm{d}z \tag{4-61}$$

$\mathrm{d}n^2(z)\mathrm{d}z = \mathrm{d}2\delta(z)/\mathrm{d}z = 4\pi r_e/k_0^2 \mathrm{d}\rho_e(z)/\mathrm{d}z$,运动学反射率可以重新计算为电子密度分布导数的傅里叶变换,并与具有电子密度 $\rho_{e,s}$ 的基底的菲涅耳反射率 $R_s(q_z)$ 进行比较

$$R_{KA} = |r_{KA}|^2 = R_s(q_z) \left| \frac{1}{\rho_{e,s}} \int_{-\infty}^{+\infty} \frac{\mathrm{d}\rho_e(z)}{\mathrm{d}z} \mathrm{e}^{iq_z z} \mathrm{d}z \right| \tag{4-62}$$

$$R_s(q_z) = \frac{(4\pi r_e \rho_{e,s})^2}{q_z^4} = \left(\frac{q_{c,s}}{2q_z}\right)^2 \tag{4-63}$$

只有介电常数的变化才会引起 X 射线反射。通过应用 BA，可以获得类似的结果。为了将公式(4-63)与关于粗糙表面散射的结果联系起来，需要考虑界面轮廓 $z(r_{/\!/})$ 的误差函数。它的导数就是 $\sigma_z = \sqrt{\langle z(r_{/\!/})^2 \rangle}$ 的高斯函数

$$\frac{1}{\rho_{e,s}}\frac{d\rho_e(z)}{dz} = \frac{1}{\sigma_z\sqrt{2\pi}}e^{-z(r_{/\!/})^2/2\sigma_z^2} \tag{4-64}$$

$$R_{KA} = R_s(q_z)e^{-q_z^2\sigma_z^2} \tag{4-65}$$

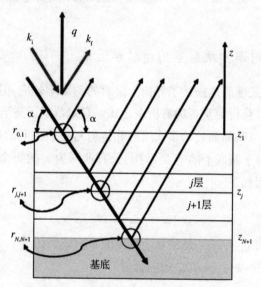

图 4.13　多层结构的总反射率示意图

4.7　扭曲波玻恩近似下的微分 X 射线散射截面

4.7.1　DWBA 的概述

对粗糙表面或界面波散射的理论处理是长期存在的一个问题，可以追溯到

Rayleigh 对声波的早期研究。对于电磁波,大多数工作都致力于解决可见光和雷达波方面的问题,这些波与物质的相互作用很强,多次散射效应很大。在这个波长范围内,主要问题是找到麦克斯韦方程组的近似解,该方程考虑了与粗糙表面上的边界条件相匹配的场的矢量性质。对于 X 射线,由于相互作用较弱,情况较为简单。对于体散射,在运动学或 BA 的假设下,即对于小于消光长度的相干区域,$L_e = \lambda/2\pi |n - 1|$,可以忽略多次散射。假设入射光束强度不受散射的影响,入射光束实际上会使原子的电子云极化,这些原子会重新发射不再与介质相互作用的球面波。散射截面与电子密度或介电常数的傅里叶变换的平方模量成正比。然而,这样的图片无法描述界面处 X 射线的反射-折射现象。事实上,它们本质上是"动态的"。对于浅入射角,尤其是低于临界角的入射角,反射振幅接近 1,虽然 X 射线动力学理论克服了这一缺陷,但处理方法也更为复杂。为了超越 BA,同时考虑界面处的反射和透射以及粗糙度散射,出现了一种更通用的理论 DWBA。在 DWBA 中,粗糙度被视为已知参考状态的扰动,大部分时间被视为平面界面的菲涅耳波场。可以认为 DWBA 是一种半动力学处理方法。

实际上,DWBA 最初是在量子力学的散射理论框架下发展起来的。在核物理中,探测粒子与目标之间的碰撞截面是获取基本粒子间相互作用势信息的工具之一。当散射角较小时,由于偏振效应可以忽略不计,X 射线场的矢量传播方程可以简化为亥姆霍兹方程。

4.7.2　波传播的积分解与格林函数

本章选择适用于电磁波的格林函数形式,而不是完全等效但更常用的 T 矩阵方法。

4.7.2.1　波传播的方程的积分解

对于 X 射线,介电常数与单位面积的差异只有 $1/10^6$,传播方程可以简化为

$$[\nabla^2 + n^2(r)k_0^2]E(r) = 0 \tag{4-66}$$

将介质的介电常数 $\varepsilon(r) = n^2(r)$ 分为两部分

$$n^2(r) = n_0^2(r) + \delta n^2(r) \tag{4-67}$$

式中, $n_0(r)$ 是参考介质的折射率。原则上,可以很容易地计算出相应的电磁波场。对于均匀和平面内的恒定系统,选择沿 $x-y$ 方向 X 射线束相干长度上的平均值 $n_0(z)$,参考介质的选择应尽量减少扰动 $\delta n^2(r)$ 的贡献,即尽可能与实际系统相似,则公式(4-66)可以改写成

$$\left[\nabla^2 + n_0^2(r)k_0^2\right]E(r) = \delta n^2(r)k_0^2 E \tag{4-68}$$

这种方程可以理解为在参考介质中虚拟偶极子 $\delta n^2(r)k_0^2 E$ 的辐射。由于传播方程的线性,总电场 E 是参考场 $E_0(r)$ 、方程的解(不含右手边项)和微扰场 $\delta E(r)$ 之和。

$\delta E(r)$ 是借助于传播方程的格林函数 $G(r,r')$ 的解,在点偶极源位于 $r=r'$ 时推导出来的

$$\left[\nabla^2 + n_0^2(r)k_0^2\right]G(r,r') = \frac{k_0^2}{\varepsilon_0}\delta(r-r') \tag{4-69}$$

$G(r,r')$ 与输出波对应。公式(4-68)可以以积分形式重新计算

$$E(r) = E_0(r) + \delta E(r) = E_0(r) + \varepsilon_0\int\mathrm{d}r' G(r,r')\delta n^2(r')E(r') \tag{4-70}$$

根据所选参考介质在远场区域获得格林函数。

波传播方程的积分解可以从光传播的互易定理中推断出来。如果两个极化场为 p_0,p_1 ,感应电场为 $\varepsilon_0,\varepsilon_1$,则

$$\int\mathrm{d}^3r'\varepsilon_0.p_1 = \int\mathrm{d}^3r'\varepsilon_1.p_0 \tag{4-71}$$

在电磁波的环境中,基于麦克斯韦方程组的演示仅依赖于线性介质和介电张量的对称性,而不像通常假设的那样依赖于时间反演对称性。因此,它适用于吸收介质。公式(4-70)在以下情况下适用

$$\varepsilon_0 = \delta E(r') , \quad p_0 = \delta n^2(r')E(r') \tag{4-72}$$

$$\varepsilon_1 = G(r,r') , \quad p_1 = \delta(r'-r)u \tag{4-73}$$

其中, u 是 p_0 处偶极子的方向。格林函数 $G(r,r')$ 为放置在探测器位置的点偶极子辐射的场。

Daillant 和 Bélorgey 用互易定理证明了与 DWBA 方法的相似性。然而,它的实际应用需要计算近场和远场区域的场,从而考虑复杂几何形状中球面波的发射和传播。为了克服这个问题,Caticha 发展了互易定理的渐近形式。偏振 X 射线在粗糙表面和渐变界面镜面反射的复杂情况很容易处理,在 Névot-Croce

型近似中,反射率不受偏振的影响。

关于在真空中的格林函数,正如在电动力学中所描述的,真空中的格林函数对应着真空(或均匀无限介质)中位于 r'、偶极矩为 $p(r')$ 处产生的电场,由输出球面波得到

$$G(r,r') = k_0^2 [u \times p(r')] \times p(r') \frac{\mathrm{e}^{-ik_0|r-r'|}}{4\pi\varepsilon_0 |r-r'|} \qquad (4-74)$$

其中, $\times$ 是向量积, u 是沿观察或散射方向 $r-r'$ 的单位矢量。在远场 $r \gg r'$, $u \simeq r/r$

$$|r-r'| = |ru-r'| \simeq r - ur' \simeq r - k_{\mathrm{f}}r'/k_0 \qquad (4-75)$$

其中, k_{f} 是沿 u 或 r 方向的散射波矢。因此,远场扩展导致偶极子球面波被其切面取代

$$G(r,r') = k_0^2 \frac{\mathrm{e}^{-ik_0 r}}{4\pi\varepsilon_0 r} \mathrm{e}^{ik_{\mathrm{f}}r'} \{p(r') - [p(r')u]u\} \qquad (4-76)$$

在偶极辐射中,只需考虑与观测方向 u 垂直的偶极子 p 分量。对于垂直于散射方向 u 的偶极子,即 s 或 p 极化 $\mathrm{e}_{\mathrm{f}}^{\mathrm{s,p}}$:

$$G(r,r') = k_0^2 \frac{\mathrm{e}^{-ik_0 r}}{4\pi\varepsilon_0 r} \mathrm{e}^{ik_{\mathrm{f}}r'} p\mathrm{e}_{\mathrm{f}}^{\mathrm{s,p}} \qquad (4-77)$$

4.7.2.2　分层介质的格林函数

对于平面分层介质,在沿 k_{f} 方向的远场区域和两种主要极化状态下,格林函数得到了类似的平面波展开

$$G(r,r') = k_0^2 \frac{\mathrm{e}^{-ik_0 r}}{4\pi\varepsilon_0 r} E_0(r', -k_{\mathrm{f}}) p\mathrm{e}^{\mathrm{s,p}} \qquad (4-78)$$

式中, $E_0(r', -k_{\mathrm{f}})$ 是入射波 $-k_{\mathrm{f}}$ 在分层介质中传播的菲涅耳解。$E_0(r', -k_{\mathrm{f}})$ 可通过层状材料中的标准矩阵形式方法获得。

4.7.2.3　Born 展开式

波传播方程公式(4-70)的积分解显然是自洽的,因为积分的核心作用于电场本身。在引入公式(4-70)之后,Born 展开式的本质是将其写成 $\varepsilon_0 G(r, r')\delta n^2(r')$ 的幂级数

$$E(r) = E_0(r) + \varepsilon_0 \int dr' G(r, r') \delta n^2(r') E_0(r') +$$

$$\varepsilon_0^2 \int dr' \int dr'' G(r, r') \delta n^2(r') G(r, r'') \delta n^2(r'') E_0(r'') + \cdots \qquad (4-79)$$

对于展开式的第一项,算符 $G(r, r') \delta n^2(r')$ 作用于位于 r' 处的电场 $E_0(r')$,在 r 处产生再辐射场,这可以理解为入射场的单散射。当算符两次起作用时,相应的项为双重散射,依此类推。在一阶 BA 中,展开式仅限于第一项。这意味着,介质仅被入射场极化,因此,可假设后者不受散射的影响。此外,BA 不符合光学定理所检验的能量守恒要求。事实上,为了与辐射功率的测定相一致,我们应该将磁场的振幅扩大到二阶。

4.7.3 散射截面

对于真空方程中的格林函数,散射场为

$$E_f(r) = \frac{k_0^2 e^{-ik_0 r}}{4\pi} \int dr' \delta n^2(r') E(r') e^{s,p} e^{-ik_f r'} \qquad (4-80)$$

根据相应的菲涅耳波场 $E_0(r', -k_f)$,用分层介质的格林函数代替平面波 $e^{-ik_f r'}$ 能得到类似的结果。对于远离源的偶极子,发射的球面波可局部假设为单色平面波,其偏振方向与 r 垂直。由于磁感应 $B_f(r)$ 与电场 $E_f(r)$ 正交,$E_f = cB_f$,如麦克斯韦方程所示,坡印亭矢量为

$$S_f = \frac{1}{2\mu_0 c} |E_f(r)|^2 u \qquad (4-81)$$

对于向外传播的球面波,沿 k_f 或 u 方向的微分散射截面遵循以下公式

$$\frac{d\sigma}{d\Omega} = \frac{k_0^2}{16\pi^2 E_0^2} \left| \int dr' \delta n^2(r') E(r') e^{s,p} e^{ik_f r'} \right| \qquad (4-82)$$

当然,对于分层介质,平面波 $e^{-ik_f r'}$ 应替换为菲涅耳波场 $E_0(r', -k_f)$。需要对使介质极化的电场 $E(r')$ 进行近似计算。

如果准直性良好的 X 射线束以掠入射角度撞击粗糙样品时,则相干散射会产生镜面反射光束和单个折射透射光束,而非相干散射会产生漫反射和透射辐射。关于实际测量的强度,主要有两个问题:

(1)如何将散射强度与样本的统计描述联系起来?样本形态(粗糙度、密度

波动等)本身就是确定的吗?

(2)如何考虑实验缺陷,尤其是入射光束的有限角度和波长扩展以及探测器的角孔径?

一阶 BA 得出的横截面取决于介电对比度 $\delta n^2(r)$。当取总体平均值时,公式(4-82)中的平均值 $\langle \delta n^2(r) \rangle$ 可以被分离出来

$$\langle |\delta n^2(r)|^2 \rangle = |\langle \delta n^2(r) \rangle|^2 + \langle |\Delta \delta n^2(r)|^2 \rangle \tag{4-83}$$

当 $\delta n^2(r) = \langle \delta n^2(r) \rangle + \Delta \delta n^2(r)$ 时,总截面中有两个贡献

$$\left(\frac{d\sigma}{d\Omega}\right)_{tot} = \left(\frac{d\sigma}{d\Omega}\right)_{coh} (|\langle \delta n^2(r) \rangle|^2) + \left(\frac{d\sigma}{d\Omega}\right)_{incoh} (\langle |\Delta \delta n^2(r)|^2 \rangle) \tag{4-84}$$

第一个为"相干强度",第二个为"非相干、漫反射或非镜面反射强度"。

4.7.4　一阶 Born 近似

尽管理论上没有提到格林函数,但在表面散射场 BA 将 $G(r,r_0)$ 限制在真空方程中,并忽略所有的多次反射,如入射波和散射波在界面处的反射透射。显然,要做到这一点,散射角的有效范围会被限制在远高于全外反射角的范围内。

远场区域,在公式(4-79)中用公式(4-77)代替平面入射波 $E_0(r) = E_0 \mathrm{e}^{-\mathrm{i}k_i r'}$

$$E(r) = E_0(r) + k_0^2 \frac{\mathrm{e}^{-\mathrm{i}k_0 r}}{4\pi r} (E_0(r) = E_0 \mathrm{e}_f^{s,p}) \mathrm{e}_f^{s,p} \int \mathrm{d}r' \delta n^2(r') \mathrm{e}^{\mathrm{i}qr'} \tag{4-85}$$

将经典波矢转移 $q = k_f - k_i$ 代入上述公式中,则总微分散射截面如下

$$\frac{d\sigma}{d\Omega} = \frac{k_0^4}{16\pi^2} (\mathrm{e}_f^{s,p} \cdot \mathrm{e}_i^{s,p})^2 \left| \int \mathrm{d}r' \delta n^2(r') \mathrm{e}^{\mathrm{i}qr'} \right|^2 \tag{4-86}$$

其中, $\mathrm{e}_i^{s,p}$ 和 $\mathrm{e}_f^{s,p}$ 是入射波和散射波的偏振矢量。BA 横截面仅通过介电指数傅里叶变换的平方模得到。

4.7.5　扭曲波玻恩近似中的形状因子

DWBA 更好地考虑了波的反射-折射,能够提供比 BA 更精确的结果,更适合于接近或低于基底临界角的散射角。将公式(4-78)合并为远场格林函数,在

参考介质 $E_0(r', -k_f)$ 的菲涅耳波场中

$$\frac{d\sigma}{d\Omega} = \frac{k_0^4}{16\pi^2 E_0^2}(e_f^{s,p} \cdot e_f^{s,p})^2 \times \left| \int dr' E_0(r', k_i) \delta n^2(r') E_0(r', -k_f) \right|^2 \quad (4-87)$$

图 4.14 为基底上的一个岛和层中的孔洞在 DWBA 中散射的几何图。k_i 和 k_f 分别是入射和出射波矢,其中包括了散射过程中发生的不同散射情况,即是否包含入射或最终散射光束的反射。

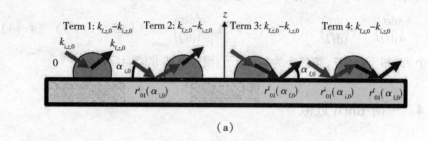

(a)

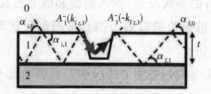

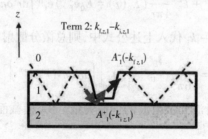

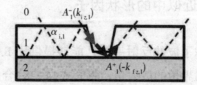

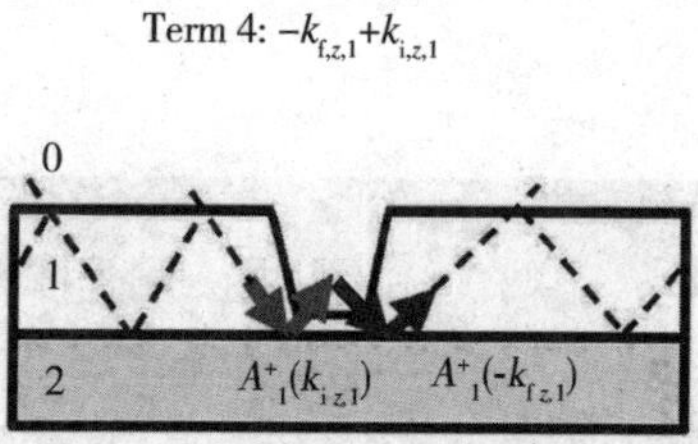
Term 4: $-k_{f,z,1}+k_{i,z,1}$
0
1
2
$A^+_1(k_{i,z,1})$
$A^+_1(-k_{f,z,1})$

(b)

图 4.14 在 DWBA 中与单个粒子散射相关的几种情况(第一项相对于简单的 BA)
(a) 基底上的岛; (b) 层中的孔洞

这些光波相互共振干涉产生的有效形状因子表示式为

$$F(q_{/\!/},k^i_z,k^f_z)=F(q_{/\!/},k^f_z-k^i_z)+R_F(\alpha_i)F(q_{/\!/},k^f_z+k^i_z)+ R_F(\alpha_f)F(q_{/\!/},-k^f_z-k^i_z)+R_F(\alpha_i)R_F(\alpha_f)F(q_{/\!/},-k^f_z+k^i_z) \tag{4-88}$$

在 DWBA 模式中,形状因子不是依赖于 q,而是依赖于 $(q_{/\!/},k^i_z,k^f_z)$。每一项的权重由相应的反射系数体现,由于全反射临界角附近的反射率急剧变化,当入射角和出射角接近全反射临界角时,DWBA 理论就显得很重要。

4.8 掠入射小角 X 射线散射数据处理方法

采用 Mar165 CCD 探测器得到的 GISAXS 图像并没有原点以及实际标度。为了得到具体详细的水平或竖直出射角方向上的散射强度分布,需要对 GISAXS 图像进行标定,给出具体坐标(图 4.15)。找到图像中倒置空间的原点是非常重要的,它是探测器平面和 x 轴的焦点。原点一般位于直通光和反射光之间。在 GISAXS 图像上确定具体坐标,将镜面反射光斑中心与直通光连线,即为 q_z 方向;由镜面反射光斑中心向直通光斑中心方向减去入射角 α_i 后且垂直于 q_z 方向的直线即为 q_y 方向,这样就建立了坐标轴,两坐标轴的焦点即为原点。Yoneda 峰是当入射角和出射角都等于全反射临界角时,入射光波和散射光波相互干涉产生的。在倒置空间中 Yoneda 峰常被用来做实验标度。原点和坐标轴确定后,图像上每一点的具体坐标也随即确定了,因此可以根据每个像素点的具体坐标来转换得到其具体水平出射角、垂直出射角的数值。最后根据入射 X 射线波矢以及出射 X 射线波矢大小,在倒置空间中进行坐标确定,即可对测量结果进行分析。

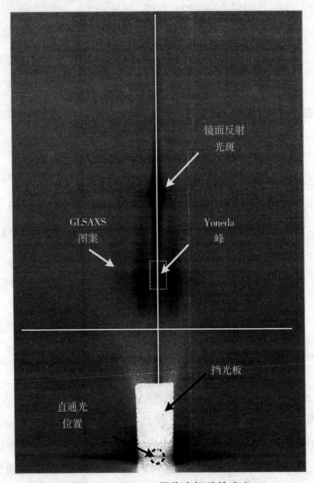

图 4.15　GISAXS 图像坐标系的建立

　　图 4.16 为在不同的出射角位置截取不同的线段,对截线段上的 GISAXS 强度进行分析模拟,从中可以看到水平截线段上的 GISAXS 强度分布一般都为对称分布,这里也可以初步知道样品颗粒(量子点)具有偶次对称性或者无规律杂乱分布。对于此情况,仅需对其中一半进行拟合或者模拟即可。

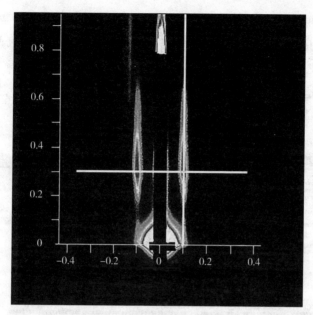

图 4.16　GISAXS 截线示意图

　　人们为 GISAXS 结果处理编写了一套处理程序 IsGISAXS。本书的一些模拟结果和拟合结果都采用此程序进行分析拟合，本节对程序应用以及拟合方法加以简单介绍。

　　IsGISAXS 程序是通过输入各个参数，如入射光束参数、样品折射率系数、样品量子点参数等进行数据拟合。也可以根据原子力显微镜得到的直观参数，对各种尺寸参数进行微调。在一定的理论框架模型如 DWBA 或者 BA 下，模拟计算给出具体的 GISAXS 强度分布。如果限定了拟合参数，例如将所有输入参数全部固定，仅仅保留量子点尺寸大小可由程序调节，然后按指定格式输入实验测量数据，程序即可自动按照最小二乘法对实验数据进行拟合，通过程序不断调节可变参数从而获得与实验数据符合最好的结果。

　　IsGISAXS 程序一般应用特殊输入文件：(1)模拟 GISAXS 图像；(2)实验数据的拟合。一般的输入的文件主要为 ∗.inp、∗.fit、∗.dat、∗.mor 等文件名。详细参数输入文件为 ∗.inp 文件，其内容参见图 4.17，文件格式必须正确才能读取。如果对实验数据进行拟合，还需要指定具体拟合参数并输入实验测量数据。图 4.18 是对 ∗.inp 文件进行模拟后所得到的模拟 GISAXS 图像。具体指

定拟合参数在 *.fit 文件中指定,文件内容如图 4.19 所示。实验数据需要转换为程序可以识别的格式进行拟合,主要的处理是找到倒置空间原点,典型数据文件 *.dat 如图 4.20 所示。在 IsGISAXS 软件中输入相应的 *.inp、*.fit、*.dat 文件是可以对 GISAXS 的水平和垂直方向的切线进行拟合,如图 4.21 所示。注意,如果只拟合需要的参数可能导致错误的结果。

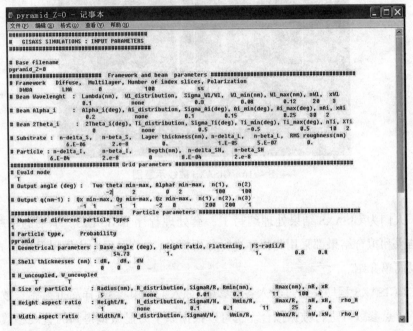

图 4.17　*.inp 文件

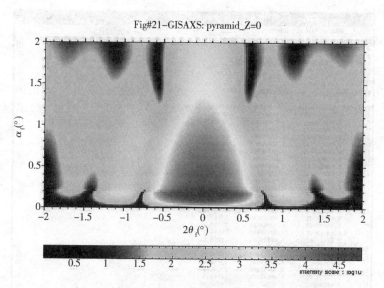

图 4.18　对 *.inp 文件进行模拟后的 GISAXS 图像

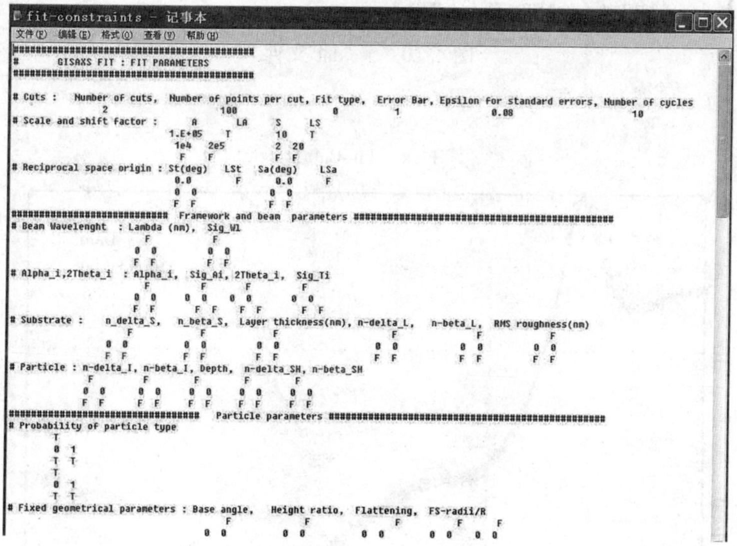

图 4.19　*.fit 文件

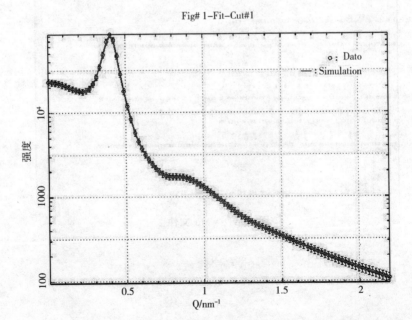

图 4.20 ＊.dat 文件

Fig# 1-Fit-Cut#1

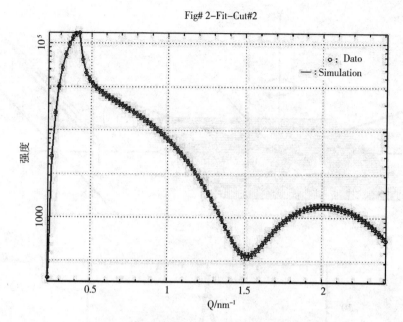

图 4.21　IsGISAXS 对(a)水平方向实验数据的拟合

以及对(b)垂直方向实验数据的拟合

从图 4.21 可以看出拟合结果与实验测量结果符合得很好,表明 IsGISAXS
程序可以很好地分析处理 GISAXS 结果。

4.9　GISAXS 的应用实例

以接近全反射临界角的掠入射角入射的 X 射线束照射到薄带表面,折射光
线准平行于表面,当遇到纳米尺寸的散射体时,产生小角信号。GISAXS 不仅可
以判断出散射粒子的形状、纵横比、平均粒径以及尺寸分布,还可以得到粒子间
距、体积密度等。下面简单介绍 GISAXS 的应用研究情况。

(1)GISAXS 研究纳米粒子的形状、尺寸

Rauscher 应用 GISAXS 研究了在 Si(111)基底上 Ge 岛的形状。如图 4.22
所示,通过旋转 ω 角,得出 Ge 岛的三角形状。

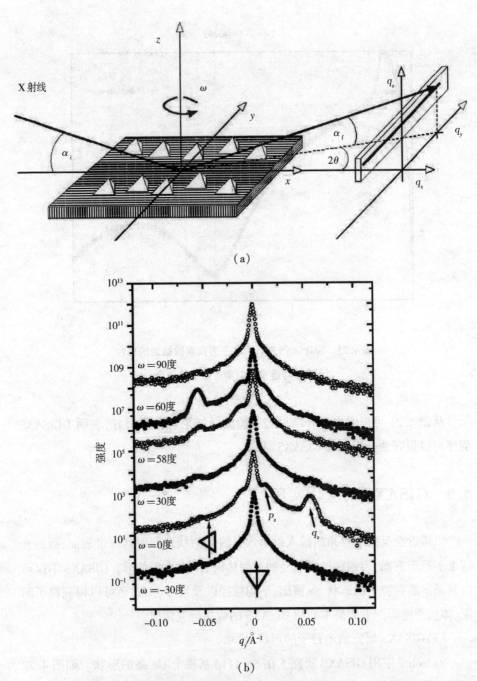

（a）

（b）

图 4.22　（a）GISAXS 示意图；（b）GISAXS 散射曲线随 ω 角的变化

　　图 4.23 展示了当散射粒子为截顶四棱台状时,从四棱台的不同方向入射时的 GISAXS 图像。

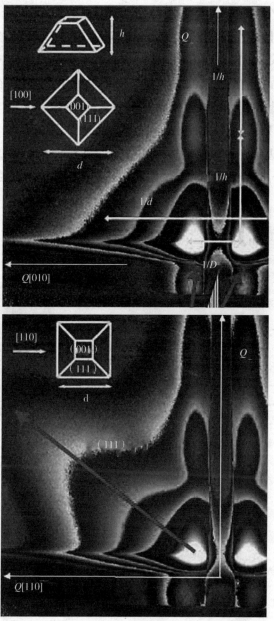

图 4.23　GISAXS 图像与四棱台状的散射粒子间的关系

（2）GISAXS 研究纳米粒子和薄带层的生长过程

有人利用 GISAXS 研究在 MgO(111)基底上逐渐沉积 Ag 到 72 单原子层的生长过程及其 Volmer-Weber 生长模式。Ag 在 ZnO 基底的两个极面 Zn（0001）和 O（000-1）上的生长，GISAXS 得出 Ag 在 Zn 和 O 的表面上分别是三角团簇和六角团簇形状。还有人利用 GISAXS 研究 Au 从零沉积到 24 单原子层的生长过程，得到了 Au 岛的形貌和平均高度。在 PS 基底上 Au 薄带在 y 轴方向上以团簇高度为参量梯度变化。

（3）改变入射角研究埋藏粒子

图 4.24 为基底中球形纳米晶粒的散射示意图，散射光包括漫散射、反射光和 GISAXS 信号。通过拟合理论公式，可以得到晶粒的平均直径、形状和尺寸分布等信息。

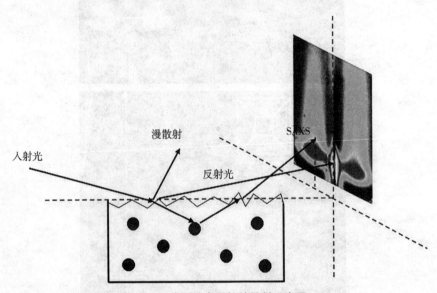

图 4.24　球形纳米晶粒的散射示意图

第 5 章　小角 X 射线散射技术
在纳米材料中的应用研究

先进的同步辐射装置为广泛的科研领域提供了强有力的平台。可以预见在科学和技术领域的巨大需求将推动同步辐射技术的广泛应用。SAXS 研究手段已经普及到科研的诸多领域,其配套的设施带动了 SAXS 实验技术和研究方法的发展。GISAXS 技术可以研究纳米薄带样品的表面形貌和表层以下结构等详细信息,相比其他方法具有很大的优势。

5.1　木材吸水过程的小角 X 射线散射研究

由于木材吸水会引起膨胀,其相关性能也会下降,膨胀和木材的微米结构和纳米结构有直接的关系,因此研究木材中纳米结构随水含量的变化对于木材工业和环境应用有重要的意义。对于木材吸水的研究可以追溯到 1932 年或更早。Wilfred 研究了西特喀杉吸水过程中纤维饱和点的重要性。许多工作研究了木材随着水进出细胞而膨胀或收缩的机理。一般木材中的水有三种状态,以气态形式填充于孔洞中,以液态形式填充于孔洞中,以水键的形式存在于细胞壁的基体中。Christensen 假设了木材吸收液体和水蒸气主要包含的两个阶段:毛细表面的润湿和吸附同时伴随水分子的渗透;固体的膨胀。木材的体积收缩行为主要依赖其密度和纤维饱和点两个方面,而木材密度的影响会更大一些。当木材表面水的覆盖率趋于零时,反相气相色谱分析可以确定木材纤维的表面热动力学特征,说明控制木材对水蒸气吸收的关键是控制水解析的表面酸基自由能的大小。Bruno 和 Bernard 利用 SEM 和 AFM 观察了白杨和山毛榉胶质层的收缩,结论是胶质层中纵向的收缩比其他层中的重要得多。有人利用激光散射研究了欧洲赤松在水和苯酸苄酯中的图像变化,发现测试液的吸收可以改变木材样品散射图像的纹理变化。木材样品中水含量和激光散射的取向没有关系。有人利用 AFM 和图像分析研究了新生的云杉纤维在经过化学和机械处理后其横断面的超显微结构。经过聚乙烯乙二醇浸泡后,纤维的超显微结构发生了变化,孔洞扩张、基体的薄层变宽,同时伴随纤维素聚集体增大。当水滴在干燥的木材表面时,将建立新的平衡。当达到平衡时,水主要分布在细胞壁内,细胞壁的质量和体积都增加。当继续加水时,木材中的水含量继续增加,这时水将主要填充到孔洞中,细胞壁停止膨胀,达到最终的平衡。

冷杉木中基本原纤维的平均直径为 2.5 nm,能够区分开孔洞和细胞壁各自对散射的贡献,利用 SAXS 获得了细胞壁中纤维素纤维相对排列的结构函数。利用 SAXS 还能确定云杉样品中纤维的方向和个别的成分尺寸相对于其位置的变化。木材作为一种独一无二的材料已经广泛应用于工业产品和民用建筑。尤其木材具有的分级构造可作为新材料的模板。本章主要应用 SAXS 技术研究了红松、美国松、白蜡木的尺寸和纳米结构随水含量的演化过程。

沿着木头的纵向方向在同一年轮中切下红松、美国松、白蜡木样品。木头样品的尺寸为 20 mm(切向)× 30 mm(纵向)× 1.5 mm(径向)。图 5.1 展示了木头上定义的方向。在 150 ℃ 干燥箱中干燥样品直至其质量恒定。

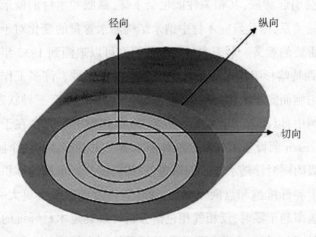

径向

纵向

切向

图 5.1 在木头上定义的方向

　　用移液器分别向样品中逐滴加入 0.04 mL、0.12 mL、0.20 mL、0.28 mL、0.36 mL、0.44 mL、0.60 mL 和 0.68 mL 去离子水来控制样品的供水含量,然后用移液器尖部将水均匀地铺开在木头表面。保持 7~65 min,让样品完全浸入到去离子水中。进入到样品中实际的水含量通过电子天平来测量,测量精度达到 1 μg。图 5.2 展示了三个样品中实际吸收的水含量曲线。木头吸水的过程可以分为两个阶段。在最初阶段,随着水量的增加木头中实际的水含量快速增加,对应于润湿阶段;在随后增加水量的过程中,木头样品中的水含量增长缓慢,对应于木头的膨胀阶段。

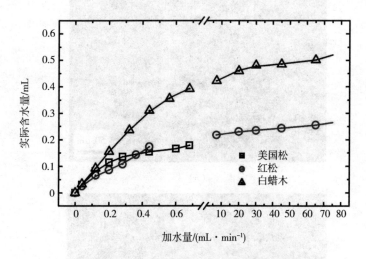

图 5.2　三个样品中实际含水量的曲线

　　SAXS 实验是在北京同步辐射实验室 1W2A 光束线上进行的。入射波长为 0.154 nm,储存环的能量为 2.5 GeV,电流为 200 mA。在相隔 SAXS 实验之间,样品放入封闭的培养皿中以防止水分的蒸发。在距离样品 1600 mm 处,垂直入射光放置一个二维电荷耦合探测器 Mar165。应用 Fit2D 软件将 SAXS 图像转化为一维曲线。散射强度经过了背底校正和归一化。

　　木头可以分为四级不同的长度范围结构,即肉眼可见的组织结构、微观的细胞结构、亚微观的细胞壁组织结构和纳米级的细胞壁聚合物。图 5.3 为木头一般的结构和成分。在微观结构中,纤维素是由排列一致的管状细胞组成的。

细胞壁是一种层状结构,主要由基本层、中间层和第二细胞壁层组成。第二细胞壁层主要由 S1 层、S2 层和 S3 层组成。其中 S2 层是最厚的,占细胞壁 70% ~ 80% 的体积。水主要是存在于 S2 层和管胞中。纳米级的细胞壁聚合物是由基本原纤维(ECF)、非晶的半纤维素和木质素组成的。ECF 聚集成了更大的结构单位,叫作纤维素原纤维聚集体 7 ~ 30 nm。另外,在半纤维素−木质素的基体中有大量的空腔和孔洞,它们将细胞壁分成许多小区域。当木头吸收水的含量低于纤维饱和点时,其中的纳米结构会有显著的变化。

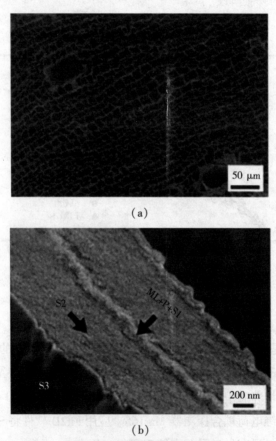

图 5.3　木头的结构和成分

(a)纤维素; (b)第二细胞壁层

图 5.4 所示为木头在 SAXS 实验中的放置位置示意图。在原位 SAXS 测量

过程中,将木头的纵向(即生长方向)放置在水平面上,入射 X 射线束沿径向方向放置。

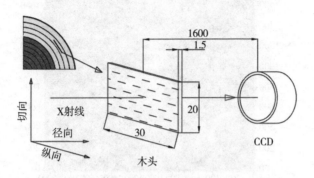

图 5.4　木头在 SAXS 实验中的放置位置示意图

图 5.5 是美国松在干燥情况和吸收 0.6 mL 去离子水时的 SAXS 散射图像。从图中可以看出 SAXS 图像为双楔形状,说明了木头的各向异性,纵向比横向有更大的粒子尺寸。红松和白蜡木也都有相似的 SAXS 图像。

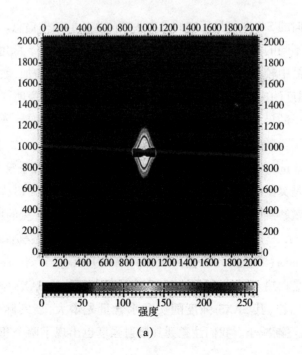

(a)

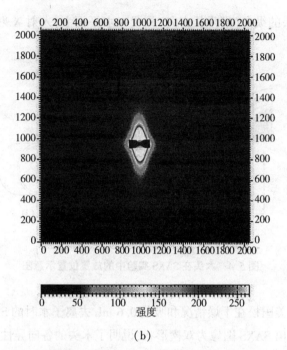

（b）

图 5.5 美国松在干燥(a)和吸收 0.6 mL 去离子水(b)时的 SAXS 散射图像

垂直方向的 SAXS 信号反应的是木头横向生长的结构信息。图 5.6 展示的是红松样品不同的实际水含量低角部分的 SAXS 强度曲线。低角部分的散射主要来自于样品中较大散射体的贡献。随着实际水含量的增加,散射强度逐渐减弱。同时,强度的递减率也随水含量的减少缓慢下降。这说明红松样品中部分较大散射粒子的尺寸随水含量的增加而减小。值得注意的是,散射强度在两个阶段几乎是不变的:(1)实际水含量从 0.144~0.231 mL;(2)实际水含量从 0.235~0.256 mL。说明在这两个阶段红松中的纳米结构几乎没有改变。

图 5.7 是美国松样品不同的实际水含量低角部分的 SAXS 强度曲线。从图中我们可以观察到一个和红松不同的散射行为。随着水含量的增加,散射强度也增大。但 SAXS 强度两个阶段几乎不改变或只是轻微振荡:(1)实际水含量从 0~0.154 mL;(2)实际水含量从 0.166~0.179 mL。

图 5.8 是白蜡木样品不同的实际水含量低角部分的 SAXS 强度曲线。不同于红松和美国松,其 SAXS 强度随实际水含量先增大,当实际水含量增加到 0.092 mL 后逐渐减小。我们注意到其散射强度也出现了两个几乎无变化或只

是轻微振荡的阶段：(1) 实际水含量从 0.310~0.422 mL；(2) 实际水含量从 0.459~0.501 mL。

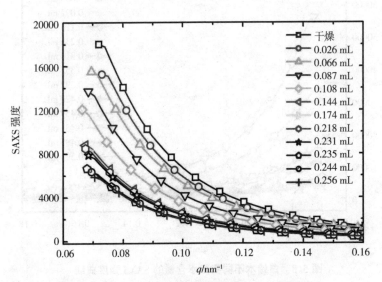

图 5.6　红松不同实际水含量的 SAXS 强度曲线

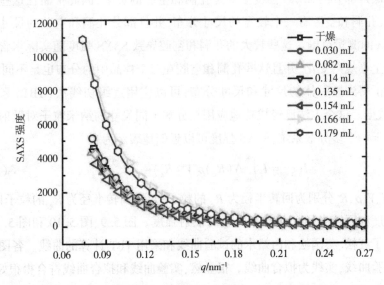

图 5.7　美国松不同实际水含量的 SAXS 强度曲线

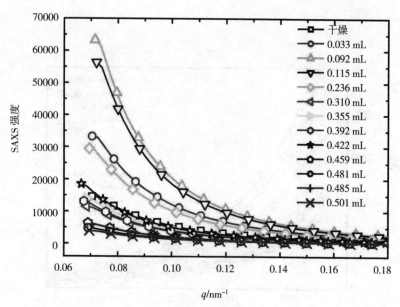

图 5.8　白蜡木不同实际水含量的 SAXS 强度曲线

　　通过比较三个样品随实际水含量的 SAXS 强度变化,找不到任何规律性的信息。低角部分的 SAXS 强度主要是孔洞和空腔的贡献,因此推断在这些木头样品中,孔洞和空腔有一个较宽的尺寸分布,并且部分孔洞和空腔的尺寸超出了 SAXS 的测量范围。这些较大的孔洞和空腔导致 SAXS 强度随实际水含量的变化发生不规则变化,并且这些孔洞和空腔在三个样品中的分布也是不同的。

　　为了得到散射体的尺寸和尺寸分布,可以应用逐级切线法(TBT)来分析 SAXS 数据。这个方法已经成功地应用在分解不同尺寸的纳米粒子对散射的贡献。对于一个多分散系统,SAXS 强度可以近似地表示为

$$I(q) = I_e \int_0^\infty N(R_g)\rho^2 V^2(R_g)\, e^{-q^2 R_g^2/3}\, \mathrm{d}R_g \tag{5-1}$$

其中,N、V、ρ、R_g 分别为回转半径为 R_g 的粒子数目、回转半径为 R_g 的粒子体积、电子密度和回转半径,I_e 为单个电子的散射强度。图 5.9、图 5.10 和图 5.11 分别展示了红松、美国松和白蜡木的试验曲线和采用 TBT 计算的曲线。各图中符号为实验曲线,实线为拟合曲线。很显然,实验曲线和拟合曲线符合得很好。

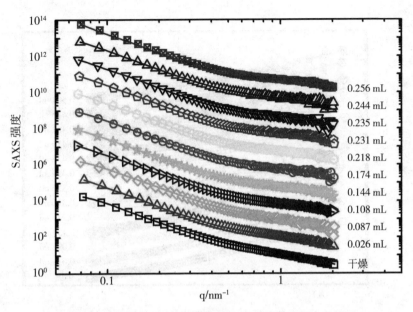

图 5.9　红松的 SAXS 强度曲线和 TBT 计算的拟合曲线

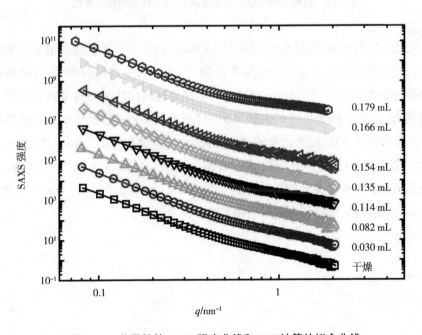

图 5.10　美国松的 SAXS 强度曲线和 TBT 计算的拟合曲线

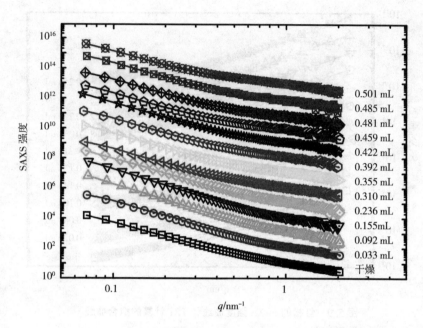

图 5.11 白蜡木的 SAXS 强度曲线和 TBT 计算的拟合曲线

　　图 5.12、图 5.13 和图 5.14 是红松、美国松、白蜡木三个样品中纳米范围的粒度分布。图中纵坐标为归一化体积分数,横坐标为平均回转半径,回转半径用来描述纳米散射粒子的尺寸。显然,每个样品标准的体积分数可以分为两个明显的部分:较小粒子尺寸的尖锐部分(特征 C)和较大粒子尺寸的宽阔部分(特征 A 和特征 B)。随水含量的变化,特征 C 几乎没有变化。红松、美国松、白蜡木三个样品尖锐部分的回转半径中心值分别在 1.1 nm、1.1 nm 和 1.2 nm 附近细微波动,其尖锐部分的平均值为(2.3 ±0.4)nm、(2.2 ±0.3)nm 和(2.2 ± 0.6)nm。很显然,尖锐部分的散射体尺寸不是单值。

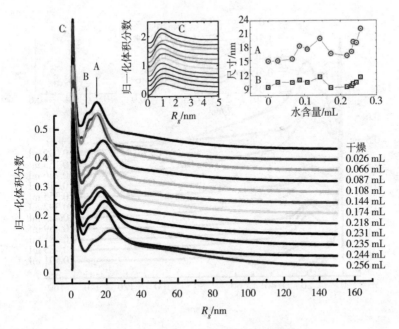

图 5.12　红松样品中散射粒子的粒度分布

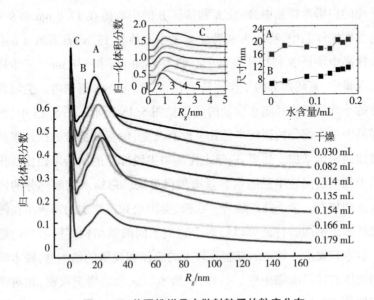

图 5.13　美国松样品中散射粒子的粒度分布

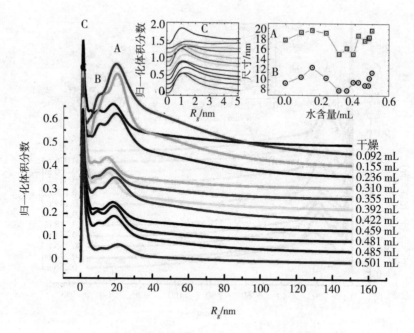

图 5.14 白蜡木样品中散射粒子的粒度分布

在干燥的白蜡木样品中,特征 A 和特征 B 的中心值在 17.8 nm 和 9.4 nm;在干燥的美国松样品中,特征 A 和特征 B 的中心值为 15.8 nm 和 6.4 nm;在干燥的红松样品中特征 A 和特征 B 的中心值为 14.8 nm 和 8.8 nm。三个样品在不同的水含量中,宽阔部分的平均回转半径在 40~45 nm 范围内。尖锐部分和宽阔部分的平均回转半径随水含量的变化如图 5.15 所示。图 5.15 中,红松和美国松样品中尖锐部分的回转半径几乎没有改变,但宽阔部分的回转半径随水含量的增加而轻微增加。然而,白蜡木样品中尖锐部分的回转半径比红松和美国松样品中相应的回转半径随水含量增加得更快。白蜡木宽阔部分的回转半径随水含量增加有一个下降的趋势。红松、美国松和白蜡木的回转半径随水含量的变化展示出不同的特征可以归因于它们不同的微结构。松木和白蜡木分别归类为软木和硬木。软木的细胞有较大的腔体和较薄的细胞壁,硬木的细胞有较窄的腔体和较厚的细胞壁。另外,白蜡木的纳米结构更致密,相对于松木具有更好的硬度和韧性。对于软木,被吸收的水主要出现在细胞腔里,导致尖锐部分的回转半径无变化且宽阔部分的回转半径增加。对于硬木,被吸收的水部分进入到非晶的半纤维素和木质素中,导致尖锐部分的回转半径增加且中心细胞腔(即宽阔部分)减小。松木和白蜡木间不同的纳米结构导致回转半径产生不同的变化。

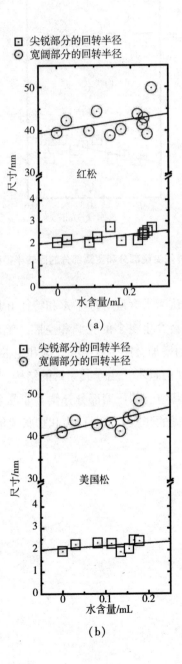

(a)

(b)

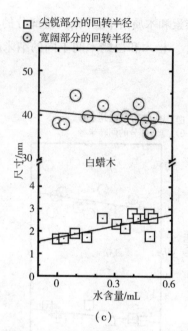

图 5.15　三种品样的尖锐部分和宽阔部分的回转半径随水含量的变化

　　从以上的分析,我们认为水含量对特征 A 和特征 B 尺寸的改变有很大的影响。已知随着水的吸收,会产生更多的孔洞和空腔。笔者认为对于软木(红松和美国松),随着水含量的增加会产生或扩大孔洞和空腔,这将导致更显著的膨胀行为。然而,对于硬木(白蜡木),由于其紧密的结构,产生和扩大孔洞与空腔是比较困难的,并且孔洞和空腔的压缩部分补偿了非晶半纤维素和木质素的膨胀。因此,硬木展现了轻微的膨胀。这些行为和膨胀现象是一致的。

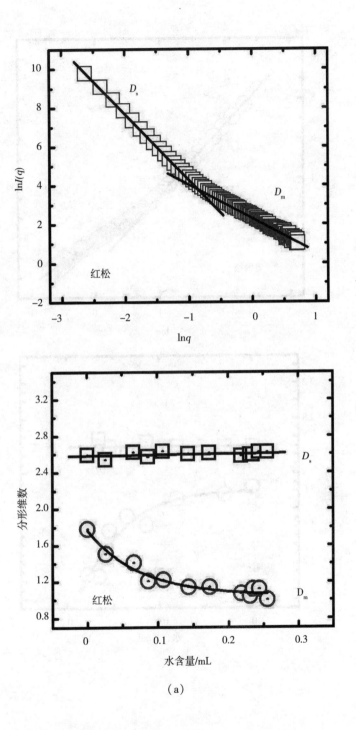

（a）

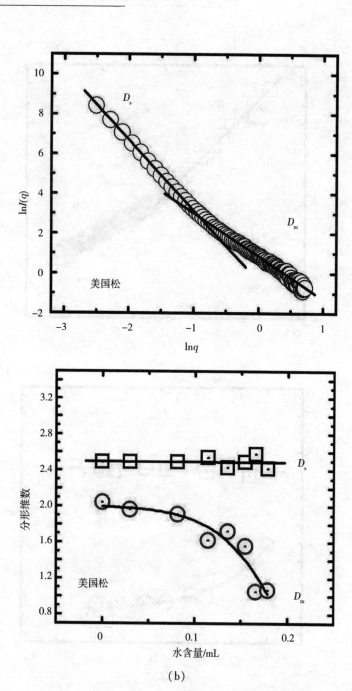

(b)

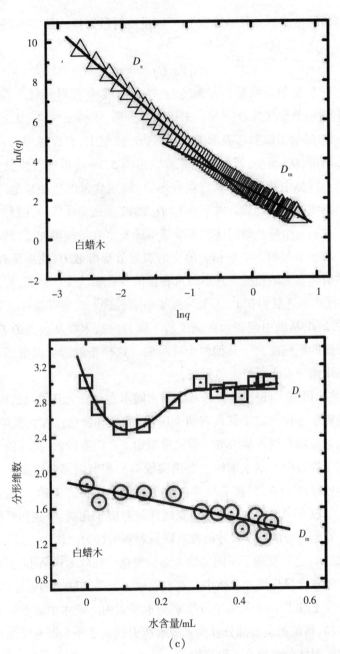

（c）

图 5.16　（a）红松、（b）美国松和（c）白蜡木的分形维数及其随水含量的变化

除了回转半径, 分形维数也是描述纳米结构的一个重要参数。SAXS 数据

可以用来分析分形维数。分形维数 D 可定量地对散射体质量或表面变化进行描述。这样 SAXS 强度可以表示为

$$I(q) = Cq^{-\alpha} \tag{5-2}$$

其中，C 是一个常数。系数 α 从 $\ln I(q) - \ln q$ 曲线中获得。对于质量分形，$1 \leqslant \alpha < 3$，质量分形维数 $D_m = \alpha$。对于表面分形，$3 \leqslant \alpha < 4$，表面分形维数 $D_s = 6 - \alpha$。D_s 揭示了散射体表面的粗糙度，D_s 值越大，表面越粗糙。D_m 描述散射体的致密度，D_m 越小，散射体越疏松。由图 5.16 可以发现质量分形和表面分形在三个样品中共存。尽管质量分形 D_m 随水含量的增加总是降低，但三个样品却有不同的降低趋势。对于软木，D_m 的改变是非线性的，但对于硬木却是线性的。说明三个样品散射体的内部结构随着水含量的增加更松散了，这可能是由木头膨胀引起的。红松和美国松的表面分形维数 D_s 几乎没有改变，说明它们的散射体表面的粗糙度并不随水含量的变化而改变。然而，对于白蜡木样品，D_s 曲线在水含量为 0.1 mL 处发生了凹陷。这个改变可能对应于 ECF 聚集体尺寸的增加，从而引起表面粗糙度的下降。白蜡木样品较大的 D_s 值反映了散射体表面的粗糙度大于其他两个样品的。这样粗糙的表面也许会部分补偿木头样品中由于吸水所带来的膨胀。

　　SAXS 技术研究了红松、美国松和白蜡木随水含量变化其纳米结构的变化。三个样品的吸水过程肯定了其具有两个阶段：润湿和膨胀。在润湿阶段，样品中实际的水含量随着供水量的增多而快速增加。在膨胀阶段，实际的水含量增速放缓。三个样品中的纳米结构主要由尖锐部分和宽阔部分组成。尖锐部分相对于基本原纤维 ECF，其粒子尺寸在吸水过程中保持在大约 3 nm。在 ECF 和水分子之间没有明显的相互作用。宽阔部分对应于孔洞、空腔和纤维素原纤维聚集体。宽阔部分的粒子尺寸的改变联系着膨胀行为。软木（红松、美国松）和硬木（白蜡木）之间展现了不同的纳米结构演化。在软木样品中，宽阔部分的散射体尺寸随水含量先增加后减小。软木吸水主要是在联通的通道内，而硬木吸水主要是在 ECF 周围非晶的半纤维素和木质素内。硬木中散射体表面或界面比软木粗糙，粗糙的表面部分补偿了吸水所引起的膨胀。所有样品中随着水含量的增加散射体的结构都变得疏松了。

5.2　木材干燥过程的 SAXS 研究

木材是天然的聚合物复合材料,由纤维素微纤维(CMF)嵌入无定形半纤维素和木质素的基体中以形成纳米级的细胞壁。木材的微观或纳米结构使其在许多领域有很重要的研究和应用价值,如模板、过滤器和功能纳米器件。为了能够更好地应用于这些领域,并防止有害的微生物生长或发生化学反应,需要去除木材中的大部分水分。木材的高温处理与传统干燥方法不同,这种处理可以降低木材的亲水性,改变一些成分的化学结构。因此,在木材高温处理过程中,准确理解木材的结构、力学、物理和化学的变化变得十分重要。

一般木材加热到 $80 \sim 120$ ℃就可以去除水分。将木材的加热温度超过 150 ℃就可以改善木材的尺寸稳定性和耐腐蚀性,并且永久改变木材的物理性能和化学性能。当温度达到 250 ℃时,木材微结构将发生化学反应,如半纤维素将热分解。当温度达到 $250 \sim 350$ ℃时,半纤维素和纤维素将受到破坏。木材失去水分将导致不可逆的结构转变,如在木纤维饱和点以下,S2 层中的 CMF 的纳米晶会发生形变。水分丢失也会在细胞壁内产生很大的内应力,发生纵向收缩和横向膨胀,改变纤维晶胞的单斜角。结晶纤维素原位热分解机理显示,随着结晶纤维素原纤维的热分解,原纤维随机破碎成长度较短的片段。

红松样品在干燥过程中的 SAXS 图像具有双楔形状。通过 Fit2D 软件处理,获得红松样品随升温和特定保温时间的 SAXS 强度曲线,如图 5.17(a)所示。SAXS 强度曲线上没有检测到衍射峰,表明在 SAXS 光照的范围内没有有序的纳米级结构。因此,结构因素对 SAXS 信号的影响可以忽略不计。在低角度范围内的散射主要是由孔洞、空腔和微裂纹引起的。随着温度和时间的延长,SAXS 强度是逐渐增大的,说明像孔洞、空腔和微裂纹这种较大散射粒子的尺寸是逐渐增大的。采用 TBT 拟合 SAXS 强度数据获得散射粒子尺寸和分布。图 5.17(b)显示了红松样品的实验 SAXS 强度和 TBT 计算的强度。显然,SAXS 计算曲线与实验曲线都拟合得很好。

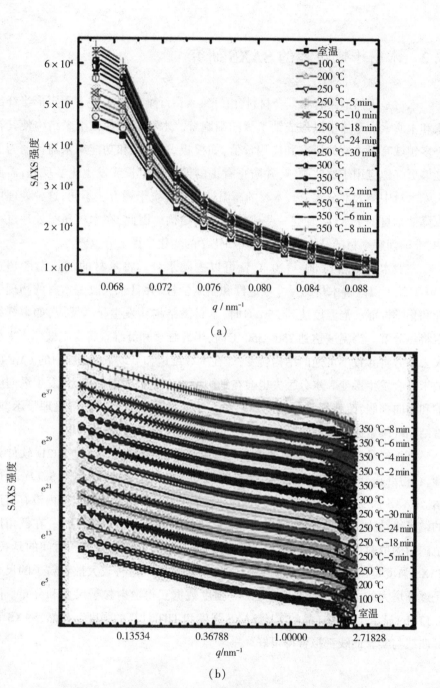

（a）

（b）

图 5.17 红松样品的 SAXS 强度曲线(a)及其拟合曲线(b)

　　图 5.18 为红松样品中散射体回转半径的归一化体积分数和单分散分布。由图 5.18(a)可见归一化体积分数可分为两部分,较小散射尺寸的尖锐部分和较大散射尺寸的宽阔部分。较小部分的回转半径大约为 1.1 nm,这部分主要是由 CMF 产生的,还有其他一些出现在半纤维素木质素基体中分子尺寸的孔洞也贡献于尖锐部分。纤维素可聚集成 7~30 nm 尺寸范围的纤维素团簇,这个团簇主要构成了体积分数中较宽的部分,这部分还包括孔洞、空腔、微裂纹,甚至超出 SAXS 测量的散射体。红松样品的单分散尺寸分布如图 5.18(b)所示。可见,多分散散射粒子尺寸包括 A、B、C、D、E 和 F 六个尺寸等级。显然,散射体 A 和 F 具有突出的体积分数,并显示出在纳米结构中的重要性。随着试样温度和加热时间的延长,散射体 A 和 B 的体积分数略有下降,散射体 C、D 和 E 的体积分数几乎没有变化,但散射体 F 的体积分数在整个热处理过程中有明显的增加。

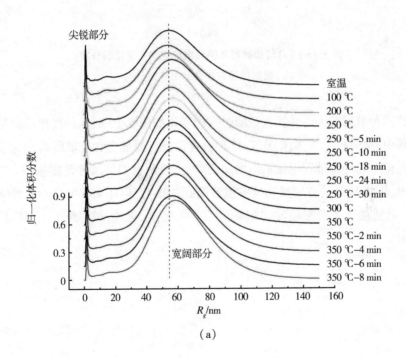

(a)

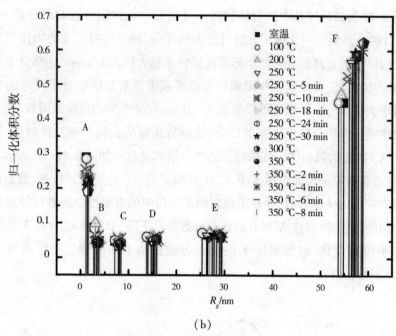

（b）

图 5.18　（a）红松散射体回转半径的归一化体积分数；

　　　　　（b）散射体回转半径的单分散分布

这六种散射粒子的计算直径随时间的变化如图 5.19 所示。在样品的热处理过程中,散射粒子 A、B、C、D、E 和 F 的直径都有明显变化。散射粒子 A 和 F 几乎在整个热处理过程中显示出增加的趋势,表明它们的尺寸是膨胀的。散射粒子 B、C、D 和 E 的直径最初从室温升高到 250 ℃,但在 250 ℃ 之后直径略有波动。散射粒子 A 的直径与 CMF 的大小非常吻合。因此,散射粒子 A 可以归因于 CMF。

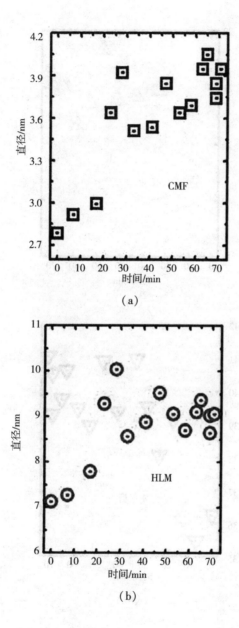

（a）

（b）

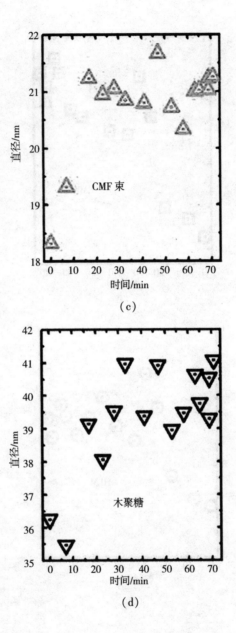

（c）

（d）

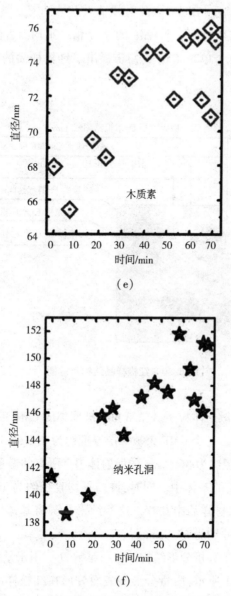

（e）

（f）

图 5.19　红松多分散散射粒子直径随时间变化示意图

红松样品在室温下的散射粒子 A、B、C、D、E 和 F 的直径分别为 2.8 nm、7.1 nm、18.3 nm、36.2 nm、67.9 nm 和 141.4 nm。基于散射粒子 B 和 C 的最可能尺寸，一个合理的猜想是散射粒子 B 代表 CMF 束周围厚度约为 7.1 nm 的管状半纤维素–木质素基质(HLM)。散射粒子 C 代表直径约为 18.3 nm 的 CMF 束。CMF 束的平均直径约为单个 CMF 的 6~7 倍。平均而言,每个 CMF 束在红松标本中包含 30~40 个单个 CMF。初步提出了红松样品的结构示意图模型,如图 5.20 所示。

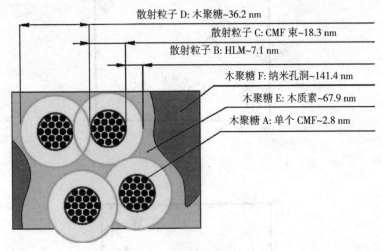

图 5.20　红松样品结构示意图

该模型为 CMF(散射体粒子 A,2.8 nm)被聚集成 CMF 束(散射粒子 C),平均直径约为 18.3 nm。每个 CMF 束被一层厚度约为 7.1 nm 的 HLM 包围(散射粒子 B)形成平均直径约为 36.2 nm 的散射体 D。所有的散射体 D 都嵌入到由木质素和木聚糖组成的基体中。同时,许多平均直径约为 141.4 nm 的纳米孔洞(散射粒子 F)在木材样品中共存。这些纳米孔洞将基体区分成更小的部分(散射体 E),平均尺寸约为 67.9 nm。

SAXS 数据可用于分析分形结构。分形维数 D 仅用于量化散射体质量或表面的变化。如图 5.21 所示,质量分形和表面分形在红松样品中共存。在热处理过程中,表面分形维数 D_s 逐渐减小,说明散射体表面的粗糙度随着温度的升高和时间的延长而降低,这意味着样品中分子的热运动可以使散射粒子的粗糙表面变平。质量分形维数 D_m 也随着温度的升高和时间的延长而减小。D_m 递减趋势表明,红松样品散射粒子的内部结构不紧密,细胞壁密度随温度的升高或时间的延长而逐渐减小,表明红松样品内的孔洞、空腔和微裂纹呈增大趋势。

随着加热温度的升高,红松样品的体积膨胀主要取决于纳米孔洞、空腔和微裂纹体积分数的增加。

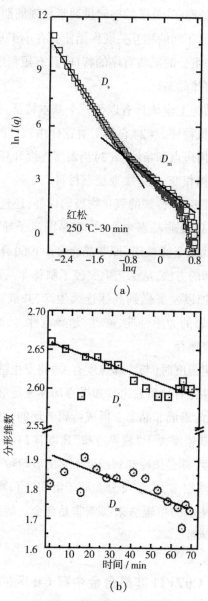

(a)

(b)

图 5.21　红松样品的分形结构变化

5.3　非晶合金的 SAXS 和 ASAXS 研究

　　一般认为,组成物质的原子、分子的空间排列不呈现周期性和平移对称性,晶态的长程序受到破坏,原子间的相互关联作用使其在小于几个原子间距的小区间内仍然保持着形貌和组分的某些有序的特征,具有短程序。人们把这样一类特殊的物质状态统称为非晶态。

　　非晶态材料在微观结构上应该具有以下三个基本特征:(1)只存在小区间内的短程序,而没有任何长程序。(2)它的衍射花样由较宽的晕和弥散的环组成,没有表征结晶态的任何斑点和条纹。(3)当温度连续升高时,在某个很窄的温区内,会发生明显的结构相变,是一类亚稳态材料。

　　非晶态材料的种类很多,除传统的氧化物玻璃以外,还包括非晶态高聚物、非晶态半导体、金属玻璃以及非晶态电介质、非晶态离子导体、非晶态超导体等。本书所研究的材料就是金属玻璃,即非晶合金。1960 年,Duwez 所领导的小组用液态金属快速冷却的方法,从工艺上突破了制备非晶态金属和合金的关键。后又被 Gilman 等人加以发展做到高速连续生产,并被正式命名为金属玻璃,这就为研究非晶态金属的力学性能、磁性、超导电性、防腐蚀性以及探索新型非晶态材料开辟了研究途径。

　　液体冷却到某一特定温度时(与冷却速度有关)将发生结晶,在其结晶过程中,体系的自由能降低,并伴有热量放出。如果冷却速度足够快,以致结晶过程受阻而难于发生,这样就能凝成非晶态。形成金属玻璃的一般原则可归纳为两条:(1)必须使熔体的冷却速度大于"临界冷却"速度;(2)必须将金属玻璃冷却到或低于它的再结晶温度,即必须冷却到或低于它的玻璃转变温度。

　　金属玻璃的制备方法很多,大致可分为原子沉积法和液体急冷法两大类。我们主要采用液体急冷法中的单辊法来制备非晶合金。熔体喷射到高速旋转的辊面上而形成连续的薄带。

5.3.1　ASAXS 研究 CuZrTi 非晶合金中富 Cu 区的演化

　　近十几年来,Cu 基大块非晶合金由于其独特的物理、化学、机械性能和宽广的应用前景而受到科研人员的广泛关注。Inoue 等人最近发现了 CuZrTi、Cu-HfTi 非晶合金系,这些非晶合金有良好的玻璃形成能力和较宽的过冷液区。在铸造和加热的过程中非晶合金的基体可能会有纳米晶粒产生。有时,这些纳米晶粒会破坏非晶材料的硬度和塑性。大块非晶合金在淬火过程中成核是比较困难的,但是在退火到过冷液区,许多非晶合金就转变为纳米晶态。$Cu_{60}Zr_{30}Ti_{10}$ 非晶合金在淬火过程中形成富 Cu 纳米晶立方相,并且这种高稳定的富 Cu 纳米晶立方相在纳米范围内和玻璃基体共存,在第一次晶化过程中产生纳米体心立方 CuZr 晶相。

ASAXS 可以用来将特定元素的小角散射从系统的总散射中分离出来。我们这里的特定元素是 Cu,当小角散射实验中的 X 射线能量接近 Cu 原子的吸收边时,Cu 原子的散射因子会急剧变化。ASAXS 不仅能够计算 Cu 粒子的尺寸分布,还能够判断它们的形状等。

在纯氩气保护下用电弧熔炼方法制备 $Cu_{60}Zr_{30}Ti_{10}$ 三元合金铸块,原料纯度分别为 Cu 99.99%,Zr 和 Ti 99.9%。在 Cu 坩埚内多次熔炼合金铸块,使其成分均匀化。用单辊急冷法制备非晶薄带,薄带经技术加工厚度为 20 μm。

ASAXS 实验是在北京同步辐射实验室的 4B9A 光束线的小角散射实验站上进行的。样品加热温度从 303~833 K,用 Cu 原子 K 吸收边(8980 eV)下的五个不同的能量 8976 eV、8972 eV、8964 eV、8930 eV 和 8780 eV 照射样品,用 Mar3450 成像板探测散射信号。

图 5.22 是 $Cu_{60}Zr_{30}Ti_{10}$ 非晶合金薄带的差热分析曲线,其中升温速率为 20 K·min^{-1}。从图 5.22 可以看出玻璃转变温度 T_g 为 711 K,晶化温度 T_x 为 745 K。玻璃转变后的晶化过程中出现了四个放热峰。第一个放热峰对应着 $Cu_{60}Zr_{30}Ti_{10}$ 非晶合金最初的晶化过程:玻璃基体+富 Cu 纳米晶立方相→纳米体心立方 CuZr 晶相+富 Cu 纳米晶立方相。

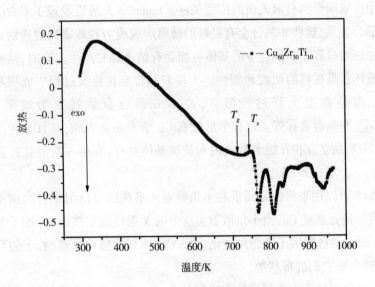

图 5.22　Cu₆₀Zr₃₀Ti₁₀ 非晶合金薄带的差热分析曲线

图 5.23 是 $Cu_{60}Zr_{30}Ti_{10}$ 非晶合金在温度为 673 K 时 Cu 吸收边附近的 ASAXS 强度。从图中可以看出入射 X 射线能量越接近 Cu 的吸收边,小角散射强度就越小。

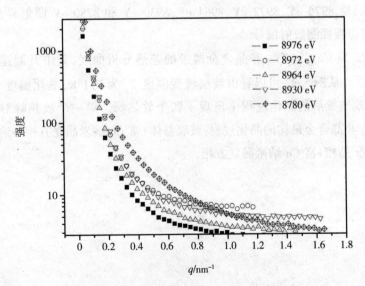

图 5.23　Cu₆₀Zr₃₀Ti₁₀ 非晶合金在温度为 673 K 时 Cu 吸收边附近的 ASAXS 强度

　　Cu 元素对于散射强度的贡献可以通过下面的公式从总散射强度中分离出来

$$I(q, E_i) = I_0(q) + 2f'(E_i)I_{0R}(q) + [f'^2(E_i) + f''^2(E_i)]I_R(q) \quad (5-3)$$

　　图 5.24 展现了根据式(5-3)样品在加热到 673 K 时，Cu 原子的散射强度 I_R 从 ASAXS 曲线中分离出来。

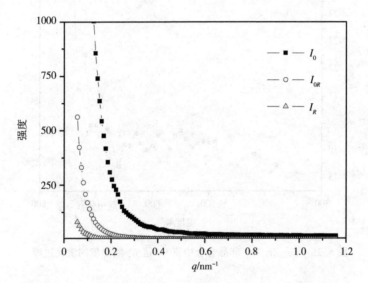

图 5.24　在 673 K 时从 ASAXS 强度分离的 Cu 原子散射强度 I_R

　　回转半径 R_g 可以用来描述富 Cu 区尺寸的变化。从 $\ln I_R(q) - q^2$ 图在小角区(q 值较小部分)起始部分的直线斜率得到 R_g，则

$$I(q) = I(0)\exp(-R_g^2 q^2 / 3) \quad (5-4)$$

其中，$I(0)$ 是 $q = 0$ 时的散射强度。作出 $\ln I(q) - q^2$ 曲线，令小角部分直线的斜率为 α，则 $R_g = \sqrt{-3\alpha}$。图 5.25 展现了 $Cu_{60}Zr_{30}Ti_{10}$ 非晶合金中富 Cu 区 R_g 随温度从 303~745 K 的演化过程。从图中可以计算出在淬火状态下，样品中出现了直径在 30~50 nm 的成分分离区。有文献报道这个成分分离区的直径在 5~10 nm。这种尺寸的差异可能是在 $Cu_{60}Zr_{30}Ti_{10}$ 非晶合金在淬火态下单辊轮速不同造成的。从图 5.25 还可以看出 R_g 两个不同的增长阶段。第一个阶段是从

303 K 到 T_g，R_g 有轻微的增长；第二个阶段是从 T_g 到 745 K 即在过冷液区，R_g 剧烈增长。第一个阶段是由于在较低的温度下原子的扩散能力较低，而在过冷液区原子的扩散能力较高，说明 Cu 原子的不断聚集与富 Cu 区的形成和长大使 R_g 不断增大。

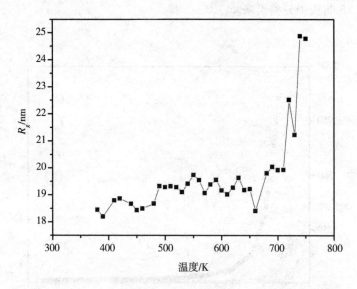

图 5.25 $Cu_{60}Zr_{30}Ti_{10}$ 非晶合金中富 Cu 区 R_g 随温度的演化过程

Porod 定律能够给出富 Cu 区和剩余玻璃基体之间的界面信息。当富 Cu 区和非晶基体间存在明锐的界面时，散射强度满足 Porod 定律

$$\lim_{q \to \infty} q^3 I_R(q) = K \tag{5-5}$$

其中，K 是常数，与散射粒子的总表面积和电子密度差成比例。当散射体和基体间存在明锐的边界时，Porod 曲线将在 q 值较大时成一条直线；材料内存在热密度起伏或散射体内部存在电子密度起伏时，Porod 曲线将产生正偏离；散射体和基体间存在模糊的相边界时，Porod 曲线将产生负偏离。

图 5.26 是 $Cu_{60}Zr_{30}Ti_{10}$ 非晶合金的 $I_R^{-1} - q^3$ Porod 曲线。从图中可以看出随着温度的升高，在 q 值较大的区域，Porod 曲线逐渐成为一条直线。这说明在 $Cu_{60}Zr_{30}Ti_{10}$ 薄带中，非晶基体和纳米晶相逐渐组成了一个新奇的结构。同时，随着温度的升高，K 是逐渐增大的。这是由于 Cu 原子的逐渐聚集，或者是由于

富 Cu 区和非晶基体之间电子密度差不断增加,或者是两者共同引起的。然而总表面积和电子密度差的增大都说明了 Cu 原子的聚集行为,表明成核并不是于淬火状态下形成的,而是来自于富 Cu 区。

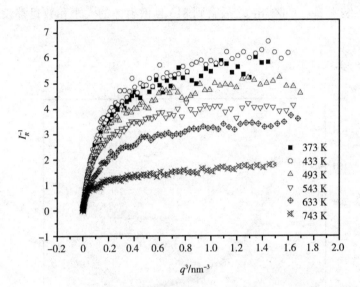

图 5.26　$Cu_{60}Zr_{30}Ti_{10}$ 非晶合金的 $I_R^{-1} - q^3$ Porod 曲线

5.3.2　SAXS 研究 CuZrTi 非晶合金的晶化过程

$Cu_{60}Zr_{30}Ti_{10}$ 非晶合金在淬火过程中生成富 Cu 的纳米晶立方相,并且这个富 Cu 的纳米晶立方相很稳定,能够在纳米范围内和玻璃相共存。$Cu_{60}Zr_{30}Ti_{10}$ 非晶合金在第一次晶化过程中生成纳米体心立方(bcc)CuZr 相。笔者采用 SAXS 技术研究了 $Cu_{60}Zr_{30}Ti_{10}$ 非晶合金在过冷液区前后的微结构演变过程。

将 $Cu_{60}Zr_{30}Ti_{10}$ 非晶合金在不同温度下进行 SAXS 实验,它们的 SAXS 曲线如图 5.27 所示。$q = 4\pi\sin\theta/\lambda$ 是散射矢量,2θ 是散射角,λ 是 X 射线波长。SAXS 起源于材料内的电子密度的变化。从图中可以看出,在 T_x 以前,$Cu_{60}Zr_{30}Ti_{10}$ 非晶合金散射强度随温度的升高而增大,说明材料内的散射体在长大或增多。非晶态是热力学上的亚稳态,在 T_g 以下时消失,并会发生结构上的局部调整,导致平均电子密度增大。$Cu_{60}Zr_{30}Ti_{10}$ 非晶合金在晶化之前的散射体是其在淬火过程中形成的纳米范围的成分分离区。在过冷液区散射强度增幅最快,并在 746 K 附近时散射强度达到最大,之后一直到 813 K 散射强度曲线都重合在一起,这说明在 T_x 附近的 746 K,$Cu_{60}Zr_{30}Ti_{10}$ 非晶合金已经完成晶化过程,生成了纳米 bcc-CuZr 相,之后直到 813 K 散射体的大小和数目都没有明显的变化。

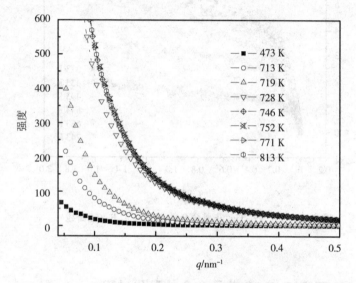

图 5.27　$Cu_{60}Zr_{30}Ti_{10}$ 非晶合金的散射强度随温度的变化

　　笔者根据 Guinier 定律计算了散射体的尺度。图 5.28 为 $Cu_{60}Zr_{30}Ti_{10}$ 非晶合金中散射体的回转半径随温度的变化情况。根据平均回转半径和实际粒子半径的关系,计算出在淬火状态下 $Cu_{60}Zr_{30}Ti_{10}$ 非晶合金的散射体直径在 30 nm 左右。图中展示在 T_g 以前,R_g 的变化过程可以分为两个阶段,第一个阶段是从淬火状态升温到 573 K,散射体随温度的升高而稍有长大;第二个阶段是从 573 K 到 T_g,R_g 随温度的变化曲线出现了平台。对于大块非晶弛豫过程,笔者认为在 T_g 以前,$Cu_{60}Zr_{30}Ti_{10}$ 非晶合金的结构弛豫应该由两部分组成:淬火状态到 573 K 之间的低温结构弛豫和 573 K 到 T_g 之间的高温结构弛豫。在低温结构弛豫过程中所发生的结构变化是局域的和短程的,原子的迁移和扩散在小范围内进行,是原子的局域重排。在高温结构弛豫过程中,原子发生了集聚重排,原子可以进行中程和长程扩散,结果大大提高了非晶的有序度,同时去除过剩的自由体积,产生更多更大的有序原子团簇。笔者还研究了富 Cu 区在第一次晶化过程中的演化情况。实验表明,富 Cu 区在 T_g 前是逐渐长大的,在过冷液区随温度升高而急剧减小。因此,笔者认为 $Cu_{60}Zr_{30}Ti_{10}$ 非晶合金的散射体是由一些富 Cu 区组成的。在低温结构弛豫过程中,富 Cu 区逐渐长大;在高温结构弛豫过程中,富 Cu 区的原子发生集聚重排,化学短程序的变化占主要地位,提高了富 Cu 区的有序度,产生了更大更多更复杂的有序原子团簇。玻璃基体中富含 Zr 原子和 Ti 原子,而成分分离区中富含 Cu 原子。所以,随后晶化过程中的 CuZr 晶核应该是在富 Cu 区内产生并不断长大的。随着过冷液区内原子扩散能力的增强,富 Cu 区不断耗尽,最终晶化成纳米 bcc–CuZr 相,这个过程导致散射体的体积急剧减小。

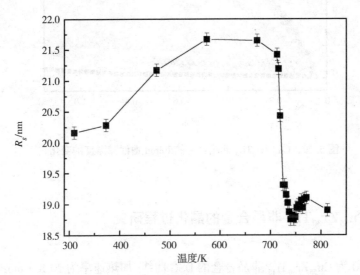

图 5.28 $Cu_{60}Zr_{30}Ti_{10}$ 非晶合金的回转半径随温度的变化

应用 Porod 曲线的偏离情况可对散射体的结构做定性的分析。Porod 曲线 $q^3 I(q) - q$ 如图 5.29 所示。从图中可以看出,T_g 以前的结构弛豫过程中曲线呈现正偏离,表明散射体和基体间没有明显的界面出现。从低温到 T_x,Porod 常数随着温度的升高不断增大,这对应着在材料结构弛豫过程中散射体和基体的电子密度差不断增大,是 Cu 原子从基体逐渐向富 Cu 区聚集并产生有序原子团簇并最终晶化的过程。从 728 K 开始,Porod 曲线在 q 值较大时趋向常数,说明粒子和基体之间逐渐出现了明锐的边界。从 746~813 K 的 Porod 曲线几乎重合在一起,Porod 常数近乎相等,标志着晶化过程完成,生成纳米 bcc-CuZr 相,并且新生成的纳米 bcc-CuZr 相和基体有明锐的界面。

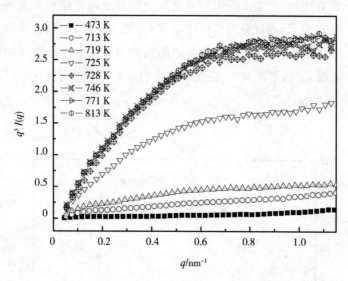

图 5.29 $Cu_{60}Zr_{30}Ti_{10}$ 非晶合金的 Porod 曲线随温度的变化

5.3.3 $Cu_{55}Zr_{30}Ti_{15}$ 非晶合金的晶化过程研究

图 5.30 为 $Cu_{55}Zr_{30}Ti_{15}$ 非晶合金的 DSC 曲线,加热速率为 20 K·min^{-1}。从 DSC 曲线中可以看出在 T_g 后的晶化过程出现了四个放热峰。T_g 和 T_x 分别为 703 K 和 723 K。过冷液区的宽度($\Delta T = T_x - T_g$)为 20 K,较窄的过冷液区意味着较低的热稳定性。前两个晶化峰温度分别为 T_{p1} = 745 K,T_{p2} = 802 K。

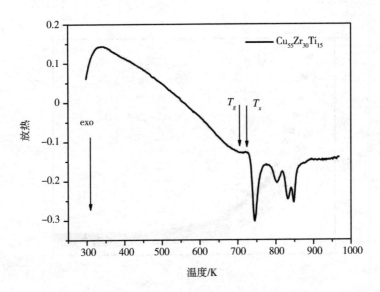

图 5.30　Cu$_{55}$Zr$_{30}$Ti$_{15}$ 非晶合金的 DSC 曲线

　　将 Cu$_{55}$Zr$_{30}$Ti$_{15}$ 非晶合金在不同温度下进行 SAXS 实验,SAXS 数据如图 5.31 所示。SAXS 起源于材料内电子密度的变化。

　　Cu 基非晶合金存在纳米尺度的成分分离区,这些成分分离区的变化会引起散射强度的变化。如图 5.31 所示,散射强度随温度的升高而降低,说明材料内的成分分离区发生了部分分解,体积减小。图 5.32 中的散射强度从 659～783 K 不断增强,表明成分分离区发生了转变并最终晶化。从 T_g 到 783 K,材料内的晶化过程一直没有完成,可能和材料内发生多阶段的晶化过程有关。值得注意的是,从 T_g 附近的 707 K 开始,散射强度在 $q=0.35$ nm^{-1} 的小角度区出现平台,随温度的升高平台峰值增大并向更小的 q 值方向移动。从 731 K 之后平台逐渐减小,到 783 K($q=0.28$ nm^{-1})变得不明显。表明在小角度区域出现干涉现象,可能是新相的生成引起的。平台由小到大又由大到小的过程表明散射体之间的干涉先由弱变强,再由强变弱,据此笔者认为生成的新相是一种过渡相。在过冷液区附近,这种过渡相不断长大并发生晶化,导致干涉逐渐变强;温度高于 T_x 后,过渡相完全晶化,致使干涉又逐渐减弱。根据布拉格公式,从平台峰值的位置可以大致估算出生成的新相中散射体之间的距离在 8.9～11.2 nm 之间。

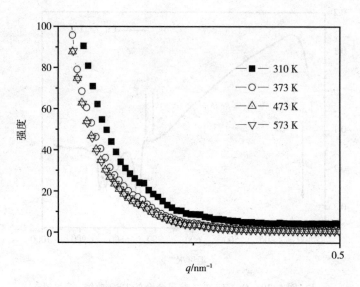

图 5.31 $Cu_{55}Zr_{30}Ti_{15}$ 非晶态合金在 310~573 K 的散射强度曲线

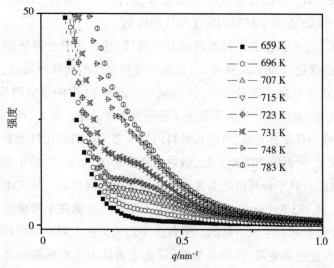

图 5.32 $Cu_{55}Zr_{30}Ti_{15}$ 非晶态合金在 659~783 K 之间的散射强度曲线

笔者根据 Guinier 定律计算了散射体的尺度。图 5.33 是 $Cu_{55}Zr_{30}Ti_{15}$ 非晶合金 R_g 随温度的变化情况。根据 R_g 和实际粒子半径的关系,计算出淬火状态

下 $Cu_{55}Zr_{30}Ti_{15}$ 非晶合金中成分分离区的直径在 55 nm 左右。659 K 前,随温度的升高成分分离区略有所减小,淬火状态下成分分离区在热力学上属于亚稳状态。从低温到 659 K,亚稳的成分分离区发生了部分分解,这是为新相的生成做准备。659 K 到 T_g,随温度升高成分分离区逐渐长大。在 T_g 前,$Cu_{55}Zr_{30}Ti_{15}$ 非晶合金的结构弛豫应该由两部分组成:淬火状态到 659 K 之间的低温结构弛豫和 659 K 到 T_g 之间的高温结构弛豫。低温结构弛豫过程中所发生的结构变化是局域的和短程的,原子的迁移和扩散在小范围内进行,是原子的局域重排。高温结构弛豫过程中,原子发生了集聚重排,原子可以进行中程和长程扩散,结果大大提高了非晶的有序度,同时去除过剩的自由体积,产生更多更大的有序原子团簇,这些有序的原子团簇是随后晶化的基础。在过冷液区,成分分离区以高于高温结构弛豫中成分分离区长大的速率急剧长大,这可能是由于两个温区中原子的扩散能力不同造成的。T_x 后散射体一直在减小,这可能和多阶段的晶化过程有关,但具体原因还有待进一步研究。

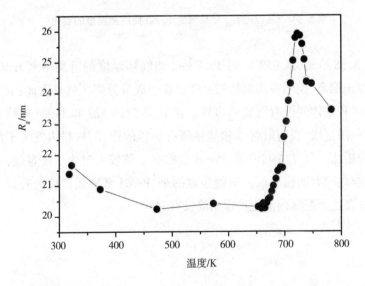

图 5. 33　$Cu_{55}Zr_{30}Ti_{15}$ 非晶合金的平均回转半径随温度的变化

由 Porod 曲线的偏离情况可对散射体的结构做定性的分析。Porod 曲线 $q^3I(q)-q$ 如图 5. 34 所示。在 573 K 前,Porod 曲线随温度的升高不断降低,说明成分分离区的总表面积在减小,这对应着成分分离区发生部分分解。

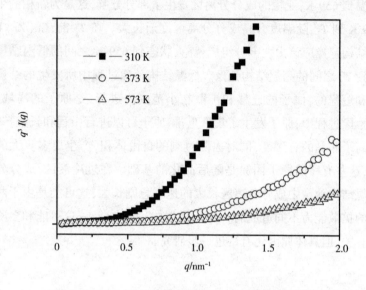

图 5.34 Cu₅₅Zr₃₀Ti₁₅ 非晶合金 Porod 曲线随温度的变化

如图 5.35 所示,从 659 K 到 T_g,Porod 曲线随温度的升高不断升高,同时 Porod 曲线正偏离,说明在高温结构弛豫过程中成分分离区的总表面积在增加, 成分分离区和基体间没有明显的边界。在 T_x 附近的 723 K,Porod 曲线在 q 值 较大时为一条直线,表明散射体和基体间有明锐的边界,材料内发生了晶化过 程,有晶粒析出。从 723~783 K,Porod 常数在 q 值较大时为一条直线,说明晶 化后的晶粒之间有明锐界面。值得注意的是,Porod 常数随温度的升高一直增 大,标志着在这个温区内晶化过程始终没有完成。

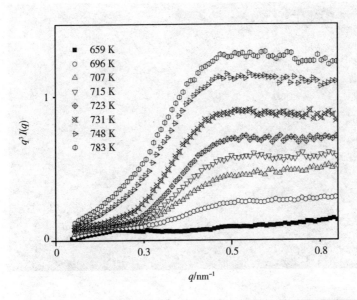

图 5.35　Cu$_{55}$Zr$_{30}$Ti$_{15}$ 非晶合金 Porod 曲线在过冷液区随温度的变化

Cu$_{55}$Zr$_{30}$Ti$_{15}$ 非晶合金淬火态下的 SEM 图如图 5.36 所示。图 5.36(a) 中较亮的区域为淬火态下的成分分离区,较暗区域为非晶基体。成分分离区的大小在 50~80 nm,这和 SAXS 淬火态的结果比较符合。经过能谱分析,成分分离区中的 Cu、Zr 和 Ti 原子含量分别为 57.84%、30.12% 和 12.04%。其周围非晶基体的 Cu、Zr 和 Ti 原子含量分别 56.29%、31.11% 和 12.61%。因此成分分离区是富 Cu 区域,非晶基体是富 Zr 和 Ti 区域。图 5.36(b) 是 Cu$_{55}$Zr$_{30}$Ti$_{15}$ 非晶合金在 773 K 的 SEM 图。此时晶化粒子大小多在 80~100 nm 附近,经过能谱分析,材料在加热的过程中受到氧化的影响。去除氧化影响后晶粒(亮区)中 Cu、Zr 和 Ti 原子含量分别 56.87%、30.46% 和 12.67%;非晶基体(暗区)中 Cu、Zr 和 Ti 原子含量分别 37.4%、39.85% 和 22.75%。Ti 和 Zr 原子之间没有化学亲合力的作用,根据亮区原子的百分比,晶化粒子是 Cu$_2$Zr 晶粒。根据 SAXS 和 SEM 得到的不同温度下非晶基体中不同原子百分比的变化情况,非晶基体中 Cu 原子含量是随着弛豫和晶化的进行而逐渐降低的,表明 Cu 原子有一个逐渐从非晶基体中析出、聚集和晶化的过程。

(a)

(b)

图 5.36 $Cu_{55}Zr_{30}Ti_{15}$ 非晶合金 SEM 图

(a)淬火态下;(b)773 K 温度下

5.3.4　Ti 含量对 CuZrTi 非晶合金晶化过程的影响

图 5.37 为 $Cu_{70-x}Zr_{30}Ti_x(x=10,15)$ 非晶合金的 DSC 曲线。$Cu_{60}Zr_{30}Ti_{10}$ 非晶合金的 T_g 和 T_x 分别是 710 K 和 745 K；$Cu_{55}Zr_{30}Ti_{15}$ 非晶合金的 T_g 和 T_x 分别是 703 K 和 723 K。很显然随着 Ti 含量的增加，过冷液区的宽度从 35 K 减小到 20 K。这表明增加 $Cu_{70-x}Zr_{30}Ti_x$ 非晶合金 Ti 原子含量将降低非晶合金的热稳定性。

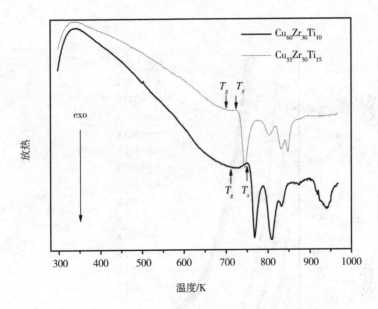

图 5.37　$Cu_{70-x}Zr_{30}Ti_x(x=10,15)$ 非晶合金的 DSC 曲线

在持续升温过程中，$Cu_{70-x}Zr_{30}Ti_x$ 非晶合金的 SAXS 曲线如图 5.38 所示。从图中可以看出从 373~573 K，$Cu_{60}Zr_{30}Ti_{10}$ 薄带的散射强度比其最低实验温度时的散射强度明显减小，而在此温区内 $Cu_{55}Zr_{30}Ti_{15}$ 薄带的散射强度比其最低温度时的散射强度只有轻微的减小。说明材料内部出现了密度波动和体积分数的减小，可能是亚稳非晶相或者是淬火态时的成分分离区发生了分解。$Cu_{60}Zr_{30}Ti_{10}$ 在 673~728 K 温区和 $Cu_{55}Zr_{30}Ti_{15}$ 在 696~783 K 温区的小角散射数据都随着温度的升高而急剧增大。这对应于一个从非晶态转变到晶态的过程。$Cu_{60}Zr_{30}Ti_{10}$ 样品在 746~813 K 温区内散射强度没有测量上的变化,表明材料的晶化过程已经完成。但 $Cu_{55}Zr_{30}Ti_{15}$ 在 783 K 时散射强度的继续增大说明可能发生了多阶段的晶化过程。如图 5.38(b)所示,在 $Cu_{55}Zr_{30}Ti_{15}$ 非晶合金散射曲线中,在 q 值为 0.28~0.38 nm^{-1} 的范围内出现了明显的散射粒子间干涉平台现象,并且随着温度的升高,干涉平台变小,其位置向低 q 值方向移动。这个干涉平台是由于电子密度分布的不均匀性引起的,表明出现了带有纳米范围的类似团簇区域。干涉平台的位置也包含了散射粒子间相互距离的信息。这些类似团簇的区域到底是成分分离区还是纳米晶粒需要进一步研究。

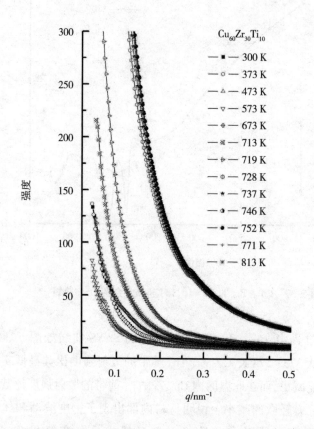

(a)

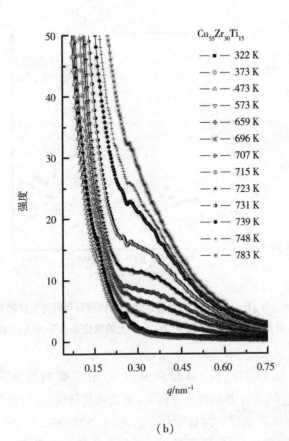

（b）

图 5.38　$Cu_{70-x}Zr_{30}Ti_x(x=10,15)$ 非晶合金的 SAXS 强度曲线

（a）$Cu_{60}Zr_{30}Ti_{10}$ 非晶合金；（b）$Cu_{55}Zr_{30}Ti_{15}$ 非晶合金

图 5.39 是 $Cu_{70-x}Zr_{30}Ti_x(x=10,15)$ 非晶合金的平均回转半径随温度的变化。通过计算得到在淬火状态下 $Cu_{60}Zr_{30}Ti_{10}$ 和 $Cu_{55}Zr_{30}Ti_{15}$ 非晶合金中成分分离区的直径分别大约为 51 nm 和 55 nm。成分分离区的尺寸比其他文献中的数据都大，这可能和非晶合金制备时单辊的表面速率大小有关系。

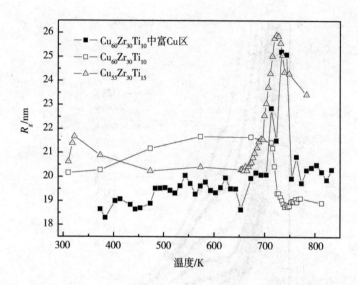

图 5.39 $Cu_{70-x}Zr_{30}Ti_x (x=10,15)$ 非晶合金的平均回转半径随温度的变化

($Cu_{60}Zr_{30}Ti_{10}$ 非晶合金中富 Cu 区 R_g 在 T_g 以上的演化来自于 ASAXS 实验)

从 373 ~ 673 K，$Cu_{60}Zr_{30}Ti_{10}$ 非晶合金的 R_g 有轻微的增大。前面应用 ASAXS 研究了 $Cu_{60}Zr_{30}Ti_{10}$ 非晶合金中富 Cu 区的演化情况，并且发现在这段相同的温区内，富 Cu 区有相似的曲线变化。因此，在 373 ~ 673 K，$Cu_{60}Zr_{30}Ti_{10}$ 薄带的分解主要发生了 Cu 的单原子扩散，并在非晶基体中形成富 Cu 区。从 322 ~ 665 K，$Cu_{55}Zr_{30}Ti_{15}$ 非晶合金中的 R_g 轻微减小。$Cu_{60}Zr_{30}Ti_{10}$ 非晶合金的分解是由于 Ti 原子的扩散，并在非晶基体中形成了富 Ti 区。随着材料内 Ti 含量的增加，$Cu_{55}Zr_{30}Ti_{15}$ 非晶合金在 322 ~ 665 K 温区，也是由于 Ti 原子的扩散而发生了分解，并且在非晶基体中形成了富 Ti 区。在过冷液区，$Cu_{60}Zr_{30}Ti_{10}$ 非晶合金的 R_g 急剧减小，但富 Cu 区却急剧增大。这说明相分解的发生可能加速了 Cu 原子的聚集，并且原子的扩散是以集体形式发生的。在过冷液区，$Cu_{55}Zr_{30}Ti_{15}$ 非晶合金的 R_g 明显增大，和 $Cu_{60}Zr_{30}Ti_{10}$ 非晶合金的 R_g 急剧减小形成鲜明的对比，表明在 $Cu_{70-x}Zr_{30}Ti_x (x=10,15)$ 非晶合金中，随着 Ti 含量的增加，材料从非晶态到晶态的转变过程中产生了一种新的结构。$Cu_{55}Zr_{30}Ti_{15}$ 非晶合金在过冷液区中不断长大的区域也是富 Cu 区，并且最终晶化为一种 Cu-Zr 晶相。$Cu_{70-x}Zr_{30}Ti_x (x=10,15)$ 非晶合金在晶化过程中的成核、长大和最终晶化

都是起源于富 Cu 区。在晶化温度以上，$Cu_{70-x}Zr_{30}Ti_x(x=10,15)$ 非晶合金中的富 Cu 区的减小，就像一个整体分裂成几个小的部分。应该注意的是，由于在 SAXS 和 ASAXS 测量时不同的升温处理，在 $Cu_{60}Zr_{30}Ti_{10}$ 非晶合金中富 Cu 区和 SAXS 实验的平均回转半径可能会出现差异。

5.3.5　CuZrAl 非晶合金晶化过程的 SAXS 研究

最近，CuZrAl 非晶合金受到了科研人员的广泛研究。如 $Cu_{47.5}Zr_{47.5}Al_5$ 非晶合金在淬火态下两个非晶相的形成，纳米范围的晶粒和大尺寸范围的不均匀区的出现。应用科学的技术和方法，仔细选择非晶合金的成分，可以获得性能优异的大块非晶合金。Al 含量的改变对 $(Cu_{61.8}Zr_{38.2})_{1-x}Al_x$ 非晶合金热稳定性和玻璃形成能力有较大的影响。Al 含量对 $(Cu_{50}Zr_{50})_{100-x}Al_x(x=0、2、4、6、8、10)$ 非晶合金的玻璃形成能力有较大的影响。

在纯氩气保护下用电弧熔炼方法制备 $Cu_{60-x}Zr_{40}Al_x(x=5、8、10)$ 三元合金铸块，原料纯度分别为 Cu 99.99%、Zr 99.9% 和 Al 99.999%。在 Cu 坩埚内多次熔炼合金铸块，使其成分均匀化。用单辊急冷法制备非晶薄带，转轮的表面速率是 $20\ m \cdot s^{-1}$。薄带经技术加工厚度为 20 μm。应用 X 射线衍射证实样品为非晶态。样品用差示扫描量热仪在高纯氩气保护下进行量热分析，其加热速率为 $20\ K \cdot min^{-1}$。

SAXS 实验是在北京同步辐射实验室的 4B9A 光束线的小角散射实验站上进行的。$Cu_{55}Zr_{40}Al_5$、$Cu_{52}Zr_{40}Al_8$ 和 $Cu_{50}Zr_{40}Al_{10}$ 的加热范围分别是 313~718 K、340~737 K 和 318~762 K。它们的退火温度和等温退火时间分别是 718 K 下退火 171 min、737 K 下退火 100 min、762 K 下退火 110 min。在升温过程中，样品在所选的温度处保温 3 min 后进行散射强度的测量。退火过程中，每隔 2 min 进行一次散射强度的测量。散射强度经过归一化处理。

图 5.40 是 $Cu_{60-x}Zr_{40}Al_x(x=5、8、10)$ 非晶合金的 DSC 曲线。随着 Al 含量的增加，T_g 也逐渐升高，从 700 K 到 729 K 再到 755 K。而晶化温度却轻微降低，从 778 K 到 776 K 再到 775 K。过冷液区宽度 $\Delta T(\Delta T=T_x-T_g)$ 也是逐渐减小的，从 78 K 到 47 K 到 20 K。这说明了随着 Al 含量的增加，非晶合金的热稳定性降低。

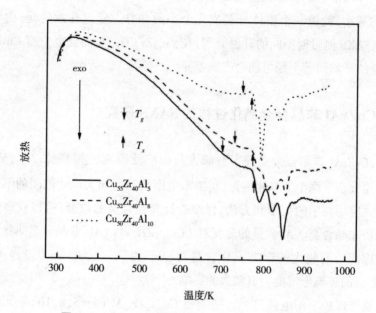

图 5.40　$Cu_{60-x}Zr_{40}Al_x(x=5、8、10)$ 非晶合金的 DSC 曲线

图 5.41 是 $Cu_{60-x}Zr_{40}Al_x(x=5、8、10)$ 非晶合金在不同加热范围的 SASX 强度数据，$Cu_{55}Zr_{40}Al_5$ 为 313～718 K，$Cu_{52}Zr_{40}Al_8$ 为 563～737 K，$Cu_{50}Zr_{40}Al_{10}$ 为 318～762 K。在低温区(a)520 K 和(c)<621 K，样品在 SASX 强度上没有测量的变化；在高温区(a)623～718 K 和(b)563～686 K，SASX 强度大约以等幅度增大；而在(b)686～737 K 和(c)621～762 K 高温区，SASX 强度剧烈增大。这说明了随着温度的升高，在非晶合金中原子的扩散能力在提高，出现了密度波动。在图 5.41 中，q 值近似在(a)0.17 nm^{-1}、(b)0.245 nm^{-1} 和(c)0.225 nm^{-1} 的位置上，能够观察到粒子间明显的干涉峰。这些峰和电子密度分布的不均匀区有关，说明了出现了纳米范围类似团簇的区域，其中包含了粒子间距离的信息，而这些区域是成分分离区还是纳米晶粒需要进一步研究。

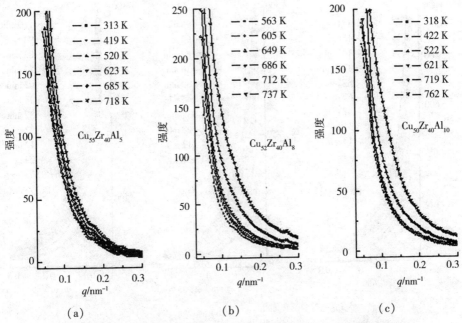

图 5.41　$Cu_{60-x}Zr_{40}Al_x$ 非晶合金在不同加热范围的小角散射强度

(a) $x=5$；(b) $x=8$；(c) $x=10$

图 5.42 是 $Cu_{60-x}Zr_{40}Al_x(x=5、8、10)$ 非晶合金薄带在不同等温退火时间内的 SASX 强度数据（$Cu_{55}Zr_{40}Al_5$ 在 718 K 退火 171 min，$Cu_{52}Zr_{40}Al_8$ 在 737 K 退火 98 min，$Cu_{50}Zr_{40}Al_{10}$ 在 762 K 退火 110 min）。在(a) 0～47 min，(b) 0～22 min，(c) 0～22 min 时间内，SASX 强度显著增加；而在(a) 47～137 min，(b) 22～82 min，(c) 22～94 min 时间内，SASX 强度缓慢增加；最后在(a) 137～171 min，(b) 82～98 min，(c) 94～110 min 时间内，SASX 强度几乎没有变化。这对应着从非晶到晶化的转变过程。

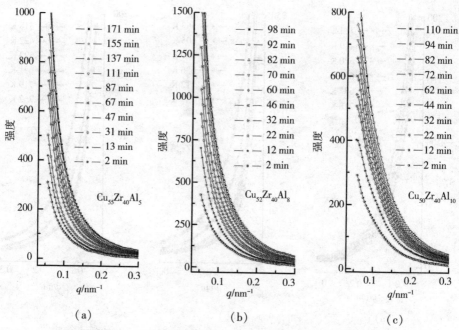

图 5.42 $Cu_{60-x}Zr_{40}Al_x$ 非晶合金在不同等温退火时间的 SAXS 强度

(a) $x=5$;(b) $x=8$;(c) $x=10$

$Cu_{60-x}Zr_{40}Al_x$($x=5$、8、10)非晶合金的各 SASX 强度值相加,其和作为温度或时间的函数,如图 5.43 所示。图 5.43 左图中,$I(q)$ 的和在 565 K 处有一个明显的凹位,这说明在 510~650 K 的演化过程中可能发生了相分离和晶化,很显然相分离开始于 510 K 附近,晶化开始于 650 K 附近。这个过程和成核相关,非晶基体发生了相分离而形成团簇,这些团簇在最初的晶化中与成核相关。这也许是一个明显的相分离优于晶化的例子。从 650 K 附近开始,它们的值都急剧增大,这是晶化开始的显著特征。

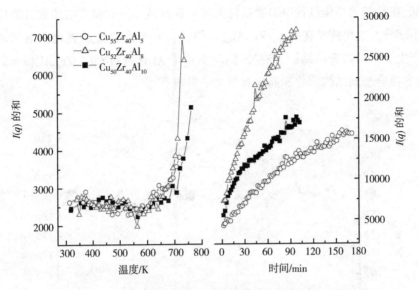

图 5.43　$Cu_{60-x}Zr_{40}Al_x(x=5、8、10)$ 非晶合金的各 SASX 强度值
相加之和对温度和时间的函数

回转半径用来描述散射粒子尺寸特征。通过 $I(q)-q^2$ 图小角区直线部分的斜率获得回转半径。图 5.44 展示了在不同的热处理过程中(左:加热过程,右:等温退火过程),$Cu_{60-x}Zr_{40}Al_x(x=5、8、10)$ 非晶合金回转半径的演化过程。在大块金属玻璃中原子的扩散主要经过两个过程,低温下单原子短距离的移动和高温下原子长距离的集体运动。淬火态下 $Cu_{55}Zr_{40}Al_5$ 非晶合金的回转半径大约为 18.5 nm,在加热过程中它几乎没有显著的改变;而淬火态下 $Cu_{52}Zr_{40}Al_8$ 和 $Cu_{50}Zr_{40}Al_{10}$ 非晶合金的回转半径分别为 18.5 nm 和 19.3 nm,在 550~700 K 的加热过程中,它们都有轻微的增大。在上述回转半径演化过程中,原子的扩散主要采取前一种形式。可以近似计算 $Cu_{55}Zr_{40}Al_5$、$Cu_{52}Zr_{40}Al_8$ 和 $Cu_{50}Zr_{40}Al_{10}$ 非晶合金淬火态的成分分离区的大小近似为 47.7 nm、47.7 nm 和 49.8 nm。$Cu_{52}Zr_{40}Al_8$ 和 $Cu_{50}Zr_{40}Al_{10}$ 非晶合金在过冷液区回转半径急剧减小,说明可能发生了化学分解或一种新的晶化机制,此时的原子扩散主要是后一种形式。在等温退火过程中,$Cu_{55}Zr_{40}Al_5$ 的回转半径在开始的 0~37 min 有轻微的增大,在余下的退火时间内明显减小到 18.2 nm。$Cu_{52}Zr_{40}Al_8$ 的回转半径减小到大约 16 nm。$Cu_{50}Zr_{40}Al_{10}$ 非晶合金的回转半径减小到 14.5~15 nm。随着 Al 含量的

增加,在最初的晶化过程中纳米晶粒的尺寸逐渐减小。就像大的团簇分裂成几个小部分。这也许是在 $Cu_{60-x}Zr_{40}Al_x(x=5、8、10)$ 非晶合金的玻璃和纳米晶相中产生了一种新奇的结构。SAXS 同时揭示了 Al 含量对 $Cu_{60-x}Zr_{40}Al_x(x=5、8、10)$ 非晶合金的结构演化和晶化有很大的影响。

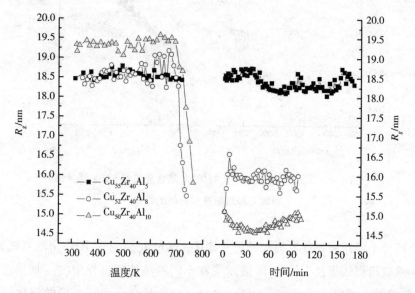

图 5.44　$Cu_{60-x}Zr_{40}Al_x(x=5、8、10)$ 非晶合金回转半径的演化过程

5.4　Co 纳米线的 GISAXS 研究

过去几十年,信息工业的快速发展主要依靠磁性信息存储材料。由铁磁性纳米粒子组成的大面积的、离散的磁性记录系统获得了出色的物理和化学特性,例如限制信噪比、磁化特性、热稳定性。阳极氧化铝薄膜(AAM)被认为是作为磁性数据存储装置的一种潜在的模板用来制备高质量的磁性纳米材料或纳米结构。最近,磁性金属的电沉积能够产生纳米粒子的高密度表面分布。应用电沉积方法在 AAM 中沉积有序的磁性金属纳米线(如 Fe、Ni、Co、Co-Cu 和 Co_3Pt)已经吸引了大量的科学关注和商业兴趣。这种制备方法价格廉价,操作简单,同时在磁性记录方面具有潜在的应用。比如,有序的(Co-Cu、Co-Ag 和

Fe-Ag)纳米线排列在相同的退火条件下,磁性测量中垂直方向的矫顽力比平行方向的矫顽力有更大的变化,这归因于纳米线/AAM 特殊的各向异性结构。Co纳米线阵列的磁性主要取决于粒子的形状(低的纵横比)和粒子间的交互作用。

同步辐射技术包括 EXAFS、XANES、SAXS 和 WAXS,用来研究氧化铝模板内生长 Co 金属纳米线的周期性结构,展示了氧化铝模板由高质量的平行排列的圆柱形孔洞组成,其轴向分布为一个扭曲的二维六角形晶格,并且 Co 纳米线是由 hcp 和 fcc 晶相按一定比例混合而成的。GISAXS 对于测量沉积在平面衬底上或埋藏于薄层内的散射体的表面形貌是非常敏感的。由于 GISAXS 中较小的掠入射角和有限的穿透深度,BA 不能正确地描述散射过程,必须应用 DWBA。

电化学沉积金属材料是一个具有长远历史的课题。随着纳米科技的兴起和电化学技术的进步,在电化学沉积方面两种技术的发展引起了极大关注,并逐渐得到了广泛的应用。一种是基于电化学设备的改进发展起来的电化学原子层外延技术,这一技术为制备高质量的单晶或有序金属和化合物薄膜指出了新的方向。另一种就是基于模板的电化学沉积,标志性的工作是 20 世纪 80 年代 Martin 等人创造性地将聚碳酸酯模板用于生长 Pt 纳米线阵列,这一创举为纳米材料的合成开辟了崭新的途径。在此之后,利用模板通过电化学沉积法制造纳米材料引起人们的广泛兴趣,模板类型不断增加,沉积的材料也从金属逐步扩展到半导体甚至有机材料等,沉积的结构从简单纳米线扩展到合金纳米线、复合型纳米线,甚至纳米管、低维量子点阵列等。模板电化学沉积法目前已成为方便、简单、高效的纳米材料合成方法。

在模板电化学沉积法中经常使用的有软模板和硬模板。软模板(生物分子、溶质液晶、微乳液等)可用于沉积多孔纳米膜、纳米线、层状纳米结构等。硬模板可以有效控制所制备的纳米晶的尺寸及空间有序性,常用的有"径迹蚀刻"聚合物模板和多孔 AAM。AAM 模板具有密度高、阵列整齐、孔径一致等特点,其薄膜典型厚度为 $10 \sim 100 \ \mu m$,孔径在 $5 \sim 200 \ nm$ 范围内可调节,孔密度可高达 $10^{11} cm^{-2}$ 数量级。与径迹蚀刻薄膜不同的是,AAM 模板的孔相对于表面法线只有很小的可忽略的倾角,其孔道独立而非连接。由于孔径及膜厚可控,且具有很好的热稳定性,AAM 模板目前是用于电化学沉积的最好模板,也是用于原位加热研究的最好模板。

首先,纯铝片经退火和电化学抛光后,在电压为 40 V,温度为 10 ℃,0.3 mol·L⁻¹ 的草酸中氧化 2 h。其次,用化学腐蚀法去除第一次的氧化铝,与第一次条件相同再进行第二次氧化 10 h。随后,去除 AAM 多余的铝和阻挡层,在 AAM 的一面镀上一层 Ag 作为电沉积的工作电极。最后,应用直流电(1 V,50 Hz),在 50 g·L⁻¹ CoSO₄ 溶液中室温下沉积 Co 纳米线。

通过脉冲电沉积技术在 1.25 mol·L⁻¹ CoSO₄ 和 0.01 mol·L⁻¹ CuSO₄ 混合溶液中生长 Co/Cu 多层纳米线。两种 Co/Cu 多层纳米线中 Co 和 Cu 层交替沉积时间为 $t_{Co} = 2$ s, $t_{Cu} = 20$ s 或 $t_{Co} = 20$ s, $t_{Cu} = 200$ s。

Co 纳米线的 GISAXS 和 SAXS 实验是在 BSRF 的 1W2A 小角试验站进行的。二维电荷耦合探测器(CCD,2048×2048 像素,每个像素 79 μm)用来收集散射信号,样品到探测器距离为 5200 mm。将一个 Pb 条放置于探测器前用来阻挡主光斑。样品的表面平行于入射光束。采用二维调整法来移动和旋转样品,使入射光强度削减为原来的 50% 同时入射角等于零。

图 5.45(a)展示了入射角为 0.28°时,生长有 Co 纳米线的 AAM 的 GISAXS 图像。改变入射角可以控制 X 射线的穿透深度,进而提供关于薄带深度的详细的形貌。图 5.45(b) ~ (d) 是 Co 纳米线样品在入射角分别为 0.375°、0.5° 和 0.625°时的 GISAXS 图像。随着入射角的增大,散射峰的位置发生了改变。具有高的对称性的漫散射部分是 GISAXS,而矩形部分则是 SAXS 区域。在 GISAXS 中可以观察到强烈的反射峰,甚至在 0.18 nm⁻¹ 处可以观察到第三级有序的散射峰。AAM 中 Co 的横向有序造成了第一级最大散射强度,它的高度和宽度依赖于有序度。图 5.45 说明了 Co 纳米线在 AAM 中的长程有序排列。

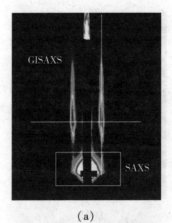

(a)

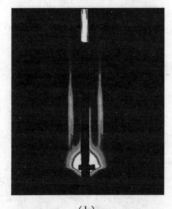

(b)

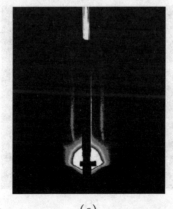

(c)

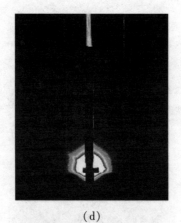

(d)

(e)

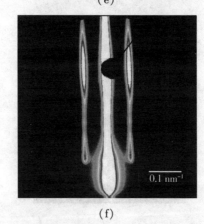

(f)

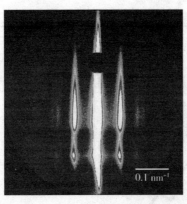

(g)

图 5.45　(a)~(d)是 AAM 中 Co 纳米线分别在入射角为 0.28°、0.375°、0.5°
和 0.625°时的 GISAXS 图像；(e)是 AAM 中 Co 纳米线的 SAXS 图像；(f)和(g)是 AAM 中
Co(2 s)Cu(20 s)和 Co(20 s)Cu(200 s)多层纳米线的 GIUSAXS 图像

　　图 5.46 的 GISAXS 强度曲线是沿着图 5.45(a)的十字交叉线截取的。水平线在 $q_z = 0.21$ nm^{-1} 处截取,插图是垂直方向的强度曲线,在 $q_y = 0.069$ nm^{-1} 处截取。水平数据描述的漫散射峰分别位于 0.069 nm^{-1}、0.12 nm^{-1}、0.14 nm^{-1}、0.184 nm^{-1},它们具有特征比 $1:3^{1/2}:2:7^{1/2}$,这证明了 AAM 中的 Co 纳米线在平面内是六角填塞圆柱排列的,这些峰可标定为(100)、(110)、(200)、(210)。第一级有序峰暗示了 Co 纳米线间的平均距离为 91.1nm,二维六角单胞参数为 105.2 nm。GISAXS 得出的 Co 纳米线平均密度的公式为 $d \cong 1/\sqrt{\rho}$ (d 的单位为 cm),密度为 $\rho_{GISAXS} = 0.12 \times 10^{11}$ cm^{-2}。图 5.46 中的插图是在 $q_y = 0.069$ nm^{-1} 处垂直方向的第一级散射峰强度。在 $q_z = 0$ 处的散射峰是 X 射线透射光造成的。

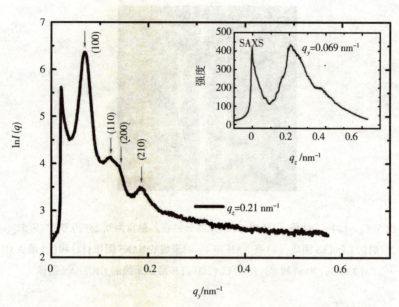

图 5.46　GISAXS 图像在 $q_z = 0.21$ nm^{-1} 处的水平切线的散射强度

　　GISAXS 散射曲线可以通过 IsGISAXS 软件进行模拟。应用线形的圆柱填塞六角密排结构和 DWBA 对形状因子进行计算。Co 纳米线埋藏于 AAM 中。干涉函数的计算给予六角类晶模型,粒子相对于入射束的所有方向取平均。应用 IsGISAXS 软件中的 Quick Fit 项,采用尺寸空间相关近似(SSCA)和一维粒子模型,水平方向数据的拟合如图 5.47(a)所示。具体拟合的参数:圆柱半径为 19.7 nm,圆柱的高度和半径的比为 150,干涉函数的峰位为 97.3 nm,拟合的区域尺寸为 2000 nm。粒子尺寸、高度的纵横比、干涉函数和晶格参数都应用了高斯分布。图 5-19(c)是模拟较好的 GISAXS 图像。规则晶格和入射束之间的拟合角度的变化并不影响模拟的 GISAXS 结果,说明样品中包含大量的 2000 nm 区域,并且它们是无序分布的。这些各向异性区域的形成主要是纯铝片中的多晶体造成的。

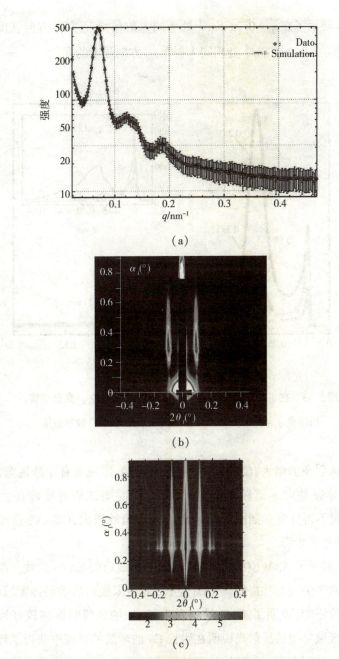

图 5.47　(a) 计算数据和实验数据拟合结果；(b) 入射角为 0.28°时的 GISAXS 图像；

(c) 应用 IsGISAXS 软件的模拟图像

图 5.48 展示了在 $q_z = 0.21$ nm^{-1} 处不同入射角情况下 q_y 方向强度的变化情况,插图是 $q_y = 0.069$ nm^{-1} 处相同入射角 q_z 方向强度的变化。

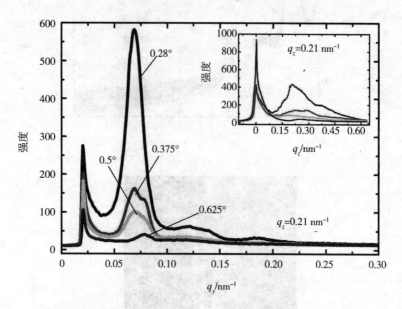

图 5.48 在 $q_z = 0.21$ nm^{-1} 处不同入射角情况下的 q_y 散射强度,

插图是 $q_y = 0.069$ nm^{-1} 处在相同入射角时的 q_z 散射强度

随着掠入射角的增大,GISAXS 强度急剧减弱,第三级有序峰逐渐消失,第一级有序峰分裂并向 q 值较大的方向移动,同时第二级有序峰在入射角为 0.375°以上时不再分裂。插图展示了随着入射角的增大,GISAXS 强度逐渐减弱,透射光却逐渐增强。

图 5.49 展示了 AAM 空模板和生长 Co 纳米线后的 SAXS 曲线。曲线出现了可分辨的六个尖锐的共振峰。AAM 生长 Co 纳米线后的散射强度减弱很多,但基本的峰位不变,说明了 AAM 结构在生长 Co 纳米线时能够较好地保持原状。低 q 值区域尖锐的反射光说明在生长 Co 纳米线的过程中获得了理想的短程有序结构。然而在高 q 值区域较宽的峰说明了 Co 纳米线六角晶格排列在长程上的无序性。SAXS 计算的 Co 纳米线平均间距是 92.6 nm,接近于 GISAXS 计算的结果。峰位位于 0.069 nm^{-1}、0.12 nm^{-1}、0.14 nm^{-1}、0.18 nm^{-1}、

0.21 nm^{-1},具有 $1 : \sqrt{3} : 2 : \sqrt{7} : \sqrt{9}$ 特征比,符合六角对称排列,峰位可标定为(100)、(110)、(200)、(210)和(300),这和 GISAXS 得到的结果是一致的。

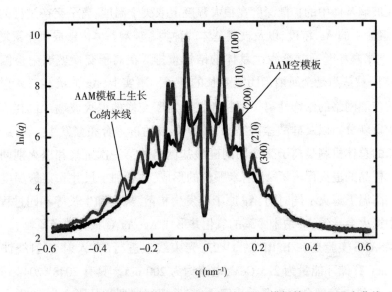

图 5.49　AAM 空模板和生长有 Co 纳米线的 AAM 模板的 SAXS 强度曲线

GISAXS 能够定量地分析生长 Co 或 Co/Cu 多层纳米线的 AAM 模板的表面结构,并且得到了平面内的六角圆柱排列结构。通过改变掠入射角和应用 Is-GISAXS 程序进行模拟,可以获得更多的结构信息。SAXS 分析的结构排列的结果和 GISAXS 的结果是一致的。

5.5　Ag 离子交换玻璃的 GISAXS 研究

5.5.1　退火保温条件下的研究

由于特定的光学吸收性能、三阶非线性光学、治疗和抗菌潜力,Ag^{+} 交换玻璃引起了人们对其基础理论和应用研究的极大兴趣。Ag 纳米颗粒的性质依赖于其颗粒的结构和几何参数(如尺寸、形状、分布),这些参数由特定的制备条件决定。离子交换的本质上是一个非平衡过程,其中至少有三种现象有助于产生离子交换玻璃系统,即扩散、成核和聚集体生长。在 Ag^+ 交换玻璃的制备过程中,来自熔盐的 Ag^+ 经过相互扩散过程渗透到玻璃基体中。扩散的 Ag^+ 的浓度及其在玻璃基体中的扩散深度在很大程度上取决于温度、离子交换过程的持续时间、熔盐中的 Ag^+ 浓度,以及玻璃基体的种类。玻璃基体内形成氧化银复合物或 Ag 纳米颗粒时通常会发生基体的结构重排。在离子交换玻璃中检测到的 Ag_3^{2+} 基团被认为是金属纳米团簇生长的种子。事实上,Ag 的沉淀与入射离子诱导的玻璃网络的修饰性离子严格相关。对于交换的退火玻璃,Ag^+ 在沉淀过程中的重新分布以及硅酸盐网络与 Ag_2O 形成的再聚合频繁发生。Ag 纳米颗粒生长的总体机制是离子交换期间硅酸盐网络的第一次解聚和退火期间的再聚合。样品的退火促进了 Ag 纳米颗粒的形成,并增加了尺寸和穿透深度。Ag 原子在高温下退火不同时间,Ag 原子会发生扩散、聚集和生长等不同过程。在空气中退火会导致 Ag 纳米团簇的氧化并形成 Ag-Ag_2O 核壳纳米颗粒。

　　GISAXS 实验是在 BSRF 的 1W2A 光束线上进行的,入射 X 射线波长为 0.154 nm,存储环能量为 2.5 GeV,电流约为 200 mA。具有 2048×2048 像素的 Mar165 二维电荷耦合探测器垂直于入射光,探测器到样品距离为 5200 mm,用标准样品校准。掠入射角为 0.3°。GISAXS 试样平台能够在室温至 330 ℃ 的温度范围内加热,加热速率为 10 ℃·min^{-1}。在 300 ℃ 下进行 GISAXS 测量,保温持续时间分别为 5 min、10 min、15 min、20 min、35 min 和 50 min。

　　Ag^+ 交换复合玻璃的 GISAXS 图像如图 5.50 所示,其热处理条件分别为 (a) 250 ℃,(b) 300 ℃,(c) 300 ℃ 保温 5 min,(d) 300 ℃ 保温 10 min,(e) 300 ℃ 保温 15 min,(f) 300 ℃ 保温 20 min,(g) 300 ℃ 保温 35 min,(h) 300 ℃ 保温 50 min。从图中可以看出,GISAXS 强度随着温度从 250~300 ℃ 急剧下降。样品在 300 ℃ 下退火 15~50 min 的散射图像几乎没有变化。GISAXS 强度的变化表明,样品中的纳米颗粒体积或纳米颗粒的数量逐渐减少,可能的原因是 Ag 纳米团簇或纳米颗粒在退火过程中逐渐分解,导致 GISAXS 强度降低。

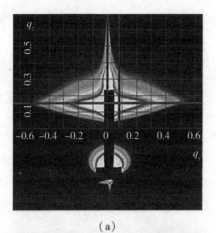

(a)

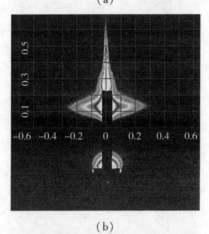

(b)

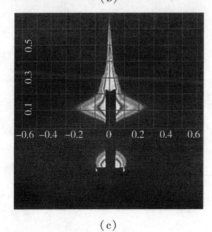

(c)

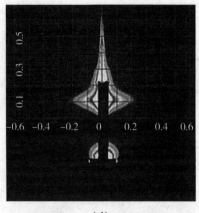

(d)

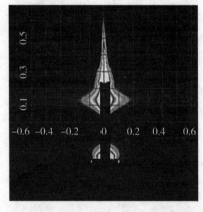

(e)

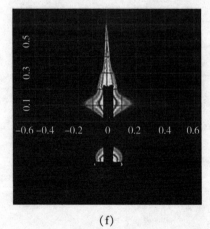

(f)

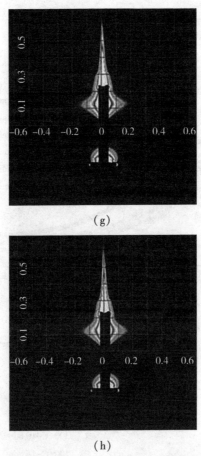

图 5.50　不同热处理条件下的 GISAXS 图像

在 GISAXS 散射照片上,水平方向为 q_y 方向,垂直方向为 q_z 方向,如图 5.50(a)所示。GISAXS 强度随散射向量 q_y 的变化来自面内结构,而 GISAXS 强度随散射向量 q_z 的变化来自面外(即样品厚度方向)结构。为了进一步分析样品中的结构,在 $q_y = 0.08$ nm^{-1} 处提取了 GISAXS 强度随 q_z 的变化,同时提取 GISAXS 强度随 q_y 变化,如图 5.51 所示。

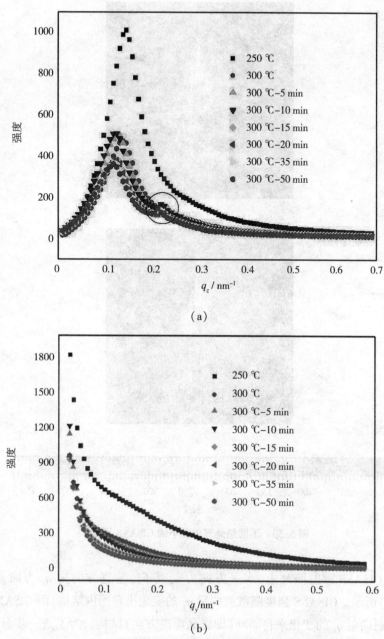

图 5.51　(a) 在 $q_y = 0.08$ nm^{-1} 处 q_z 方向的 GISAXS 强度曲线;
(b) 通过散射强度最大值处 q_y 方向的 GISAXS 强度曲线

从图 5.51(a)可以看出,散射强度随温度和时间的延长而减弱。然而,当温度从 250 ℃升高到 300 ℃时,散射强度会显著下降。这表明在玻璃基体的表层中,纳米颗粒发生了很大的变化。散射干涉峰分别位于 q_z 值为 0.143 nm^{-1}、0.138 nm^{-1}、0.125 nm^{-1}、0.123 nm^{-1}、0.124 nm^{-1}、0.122 nm^{-1}、0.116 nm^{-1} 和 0.115 nm^{-1} 处。这个干涉峰值向低 q_z 值移动。这个变化表明,随着热退火,Ag 纳米颗粒在样品厚度方向上的距离有增加的趋势。笔者认为这种趋势与玻璃基体中 Ag 纳米颗粒的溶解过程或渗透深度增加有关,或两者兼而有之。图 5.51(b)显示了玻璃平面中纳米结构的变化。可以看出,GISAXS 强度随着退火温度的升高和时间的延长而减弱。同时,在 q_y 从 0.1~0.25 nm^{-1} 的范围,在温度从 250~300 ℃范围内出现肩部,这个肩部在 300 ℃下退火 5 min 后消失。肩部的外观反映了表层中 Ag 纳米颗粒或纳米团簇的相关性和高密度性。肩部逐渐消失的过程与纳米结构的变化和玻璃基体中不同原子种类的重排有关。

根据散射图谱,q_y 方向 GISAXS 强度反映了 Ag 纳米颗粒的面内结构信息。为了得到散射体的大小分布,图 5.52 给出了复合玻璃中 Ag 纳米粒子的平均回转半径的尺寸分布。结果表明,玻璃基体表层中的 Ag 纳米颗粒或纳米团簇在 250 ℃时呈单峰分布,但在 300 ℃时随着退火时间从 0~10 min 出现双峰分布。退火 15 min 后,单峰分布再次出现。单峰分布的曲线表明,在 250 ℃退火的样品中存在具有较宽的尺寸分布的小纳米颗粒。双峰分布两个独立的散射粒子,较小尺寸的散射粒子在 300 ℃下退火后几乎没有变化,但较大尺寸的纳米颗粒逐渐溶解,可以假设 Ag 原子的扩散导致了溶解现象的产生。

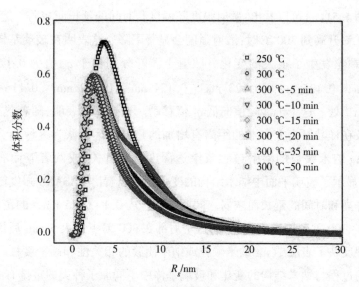

图 5.52 退火过程中离子交换玻璃中纳米粒子的归一化体积分数

除了回转半径外,分形维数也是描述纳米结构的关键参数。如图 5.53 所示,玻璃样品中仅存在质量分形。质量分形维数作为退火时间的函数如插图所示。质量分形维数显示散射体的紧凑性。质量分形维数越小,Ag 纳米粒子的分布就越松散。质量分形维数的演变可以通过指数衰减方程很好地拟合:$y = \exp(-t/9.5) + 1.2$。质量分形维数的递减趋势表明,由 Ag 纳米粒子组成的纳米结构随退火时间的延长越来越松散,这主要是由 Ag 纳米粒子或纳米团簇逐渐溶解引起的。

图 5.54(a)反映了在退火过程中散射强度的变化。从 GISAXS 强度可以明显观察到有 a、b、c 和 d 四个周期性干涉峰。如图 5.54(b)所示,在退火过程中,峰位置逐渐向低 q_z 值方向移动。干涉峰的出现与玻璃基体表层中 Ag 纳米粒子的多层结构存在关系。这些干涉峰的演化存在两个不同的阶段。当退火在 300 ℃小于 10 min 时,干涉峰近似线性下降。意味着由 Ag 纳米粒子组成的多层结构在初始相中逐渐降低,随后趋于稳定。这一过程与亚稳态的 Ag 纳米粒子的分解和玻璃基体中纳米结构的重排有关。

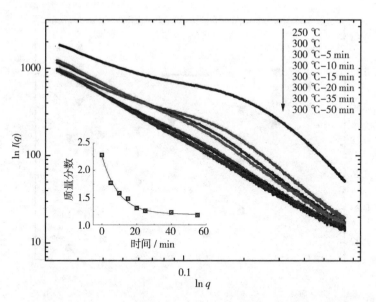

图 5.53　GISAXS 强度的 $\ln I(q) - \ln q$ 作图,插图为质量分形的变化

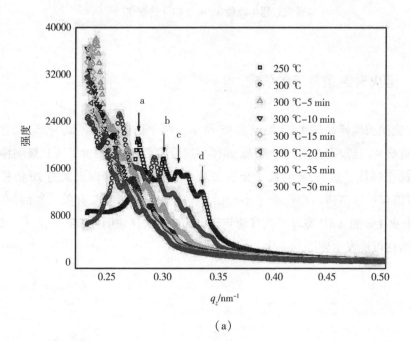

(a)

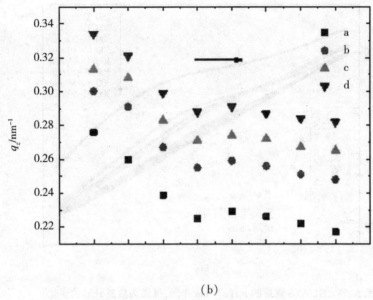

(b)

图 5.54　(a)在 $q_y = 0$ nm^{-1} 处 q_z 方向的 GISAXS 强度；

(b)退火过程中峰位 a, b, c 和 d 的变化

5.5.2　退火升温条件下的研究

Ag$^+$交换玻璃样品的 XRD 如图 5.55 所示。每个衍射曲线在 20～35°仅含有一个宽峰,并且没有观察到与含 Ag 晶体相对应的衍射峰,揭示了所有玻璃样品的非晶态特征。然而,随着离子交换和退火温度升高宽峰向更大的 2θ 值移动,这可能与玻璃基体内存在非常小(几纳米)的 Ag 纳米颗粒有关。然而,在 550 ℃退火 1 h 的 XRD 宽峰再次移动到较小的 2θ 值,这说明在 550 ℃退火 1 h 样品的结构可能发生剧烈的变化。

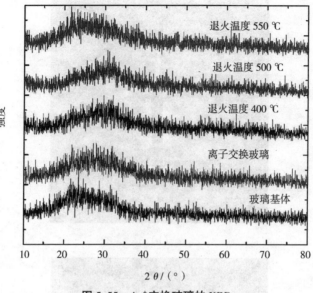

图 5.55　Ag⁺ 交换玻璃的 XRD

图 5.56 显示了不同退火温度下 Ag⁺ 交换玻璃的 GISAXS 图。从图中可以看出 GISAXS 强度随退火温度的升高急剧下降,尤其在 q_y 方向的散射强度降低减弱。GISAXS 强度的变化表明,在玻璃基体 X 射线束照射的体积中,纳米颗粒的总体积或数量逐渐减小。

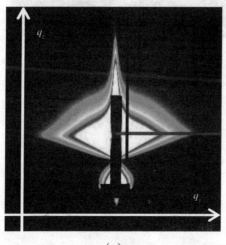

(a)

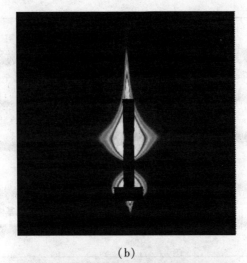

(b)

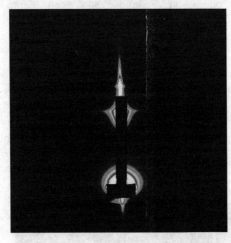

(c)

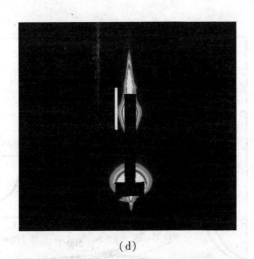

(d)

图 5.56 掠入射角为 0.3°时,离子交换玻璃的 GISAXS 图像

(a) 离子交换玻璃;(b) 400 ℃退火 1 h; (c) 500 ℃退火 1 h; (d) 550 ℃退火 1 h

在 GISAXS 图像上设定水平方向为 q_y 方向,垂直方向为 q_z 方向,如图 5.57 所示。GISAXS 强度随 q_y 的变化来自样品面内结构信息,沿 $q_y = 0.05$ nm^{-1}, GISAXS 强度随 q_z 的变化来自样品厚度方向的结构信息。

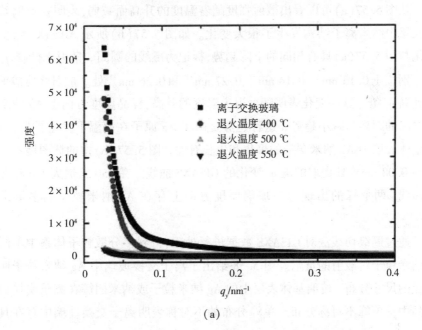

(a)

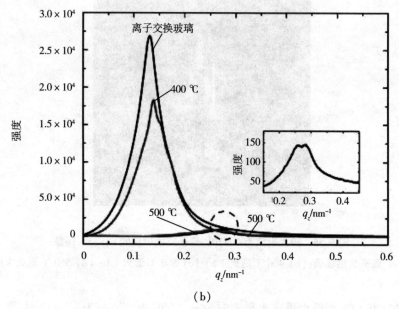

（b）

图 5.57 （a）q_y 方向的 GISAXS 强度曲线

（b）$q_y = 0.05$ nm^{-1} 处 q_z 方向的 GISAXS 强度曲线

从图 5.57（a）可以看出散射强度随着温度的升高而减弱,表明在玻璃基体的表层中纳米离子结构发生了很大变化。如图 5.57（b）所示,GISAXS 强度的变化与图 5.57（a）具有相同的下降趋势,标记为虚线的圆圈。散射干涉峰 q_z 位置分别位于 0.13 nm^{-1}、0.14 nm^{-1}、0.27 nm^{-1} 和 0.26 nm^{-1} 处。散射峰值似乎转移到高 q_z 值。这一变化表明随着退火温度的升高,样品厚度方向上 Ag 纳米颗粒之间的距离呈减小趋势。这种趋势是由于 Ag 原子在高温下发生扩散,与玻璃基体表层中 Ag 纳米颗粒的聚集和生长有关。图 5.57（b）中的插图展示了在 $q_y = -0.08$ nm^{-1} 处提取的随 q_z 变化的 GISAXS 曲线。在 550 ℃ 退火 1 h 存在双峰曲线。两个峰的出现与在玻璃厚度方向上存在 Ag 纳米粒子的多层结构有关。

通过逐级切线法对 GISAXS 数据进行处理,得到多分散粒子体系中不同尺寸纳米粒子对散射的贡献。图 5.58 给出了离子交换玻璃中 Ag 纳米粒子回转半径的尺寸分布。玻璃基体表层中的 Ag 纳米粒子或纳米团簇在离子交换玻璃样品中呈单峰不对称分布。单峰分布的不对称表明离子交换玻璃中存在具有宽尺寸分布的小纳米粒子。在 400 ℃ 退火 1 h,纳米粒子的尺寸分布可以分为两部分:具有较小纳米粒子尺寸的尖锐组分和具有较大纳米粒子尺寸的宽阔组分。而在 500 ℃ 下退火,仅具有较小纳米粒子尺寸的单峰分布。尖锐组分较小的纳米粒子的回转半径随退火温度的升高其值分别为 3.3 nm、2.4 nm 和 2.0 nm。假设 Ag 纳米粒子是球形的,则其物理直径分别为 8.4 nm、6.1 nm 和 5.1 nm。很明显,退火过程中较小的纳米粒子发生了溶解,归一化体积分数也表明在退火的所有阶段都存在大量较小的纳米粒子。

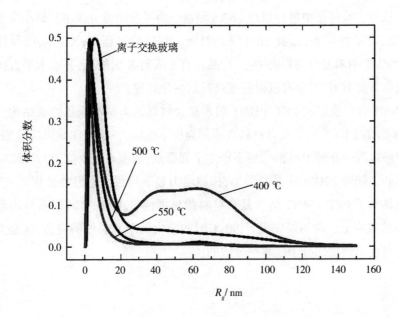

图 5.58　不同退火温度下 Ag 纳米粒子的归一化体积分数

5.6　PET/PMMT 复合材料在拉伸过程中的 SAXS 研究

聚对苯二甲酸乙二醇酯(PET)是一种半结晶热塑性聚合物,广泛用于饮料瓶以及食品和非食品级容器。改善 PET 对氧气的阻隔性能,可以使 PET 更好地应用于饮料和啤酒等的包装。用蒙脱土(MMT)增强的 PET 纳米复合材料成为 PET 的重要替代品,能够改进其机械和阻隔性能。纳米复合材料的性质取决于 MMT 纳米颗粒在 PET 基体中的分层。通常,MMT 的表面有机改性被认为是提高复合材料相容性的有效方法。

使用 Linkam TST350 拉伸试验机在室温和高于玻璃化转变温度 90 ℃ 的温度下测试样品的机械性能,拉力和拉伸速度分别为 200 N 和 10 $\mu m \cdot s^{-1}$。使用切割机将样品切割成哑铃形状,测试样品的尺寸为 35 mm×5.1 mm×0.3 mm。

在 BSRF 的 1W2A 光束线站进行 SAXS 实验,入射 X 射线波长为 0.154 nm,存储环为 2.5 GeV,电流约为 200 mA。将 981×1043 像素的 Pilatus 探测器垂直于入射光,探测器到样品距离为 1330 mm。

在拉伸实验过程中进行原位 SAXS 测量。为了在图像分辨率和最小应变增量之间取得最优效果,选择 10 s 曝光时间。在拉伸过程中,X 射线束保持在 PET/ PMMT 纳米复合材料的中心,样品垂直于入射 X 射线束,并沿水平方向拉伸。减去背底散射,对所有散射强度进行归一化处理。

PMMT 含量会影响 PET/PMMT 纳米复合材料的力学性能和微观结构。图 5.59 为 PET/PMMT 纳米复合材料在不同温度下的应力–应变曲线。实验表明,样品拉伸过程中在约 10% 的应变下产生了屈服点,屈服点大致位于“颈部”的最大曲率处。随着 PMMT 含量的增加,拉伸应力显著增强。室温处的应力–应变曲线还显示了 PET/PMMT 纳米复合材料的延展性。在 90 ℃ 时屈服点出现在约 50% 的应变下。在相同应变下,90 ℃ 时的应力低于室温处的应力,这是 PET 在较高温度下增加的分子迁移率导致的。

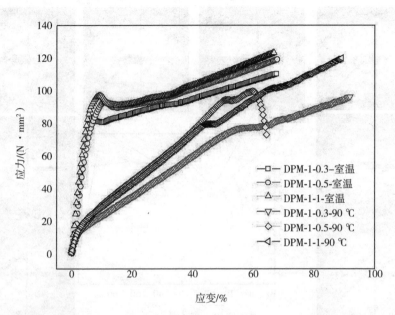

图 5.59　PET/PMMT 纳米复合材料的应力-应变曲线

图 5.60 为 DMP-1-1 纳米复合材料在拉伸过程中的 SAXS 图像变化及其对应的应力-应变曲线。应变从 0～10%，可观察到近似各向同性的散射图像，散射强度几乎均匀分布。SAXS 图像中各向同性散射环可以解释为来自随机取向的层状 PMMT 的散射。在应变大于 10% 后，出现了各向异性 SAXS 图像，图像呈现出菱形形状。这种散射形状的出现可归因于沿拉伸方向纳米孔洞的产生和伸长。

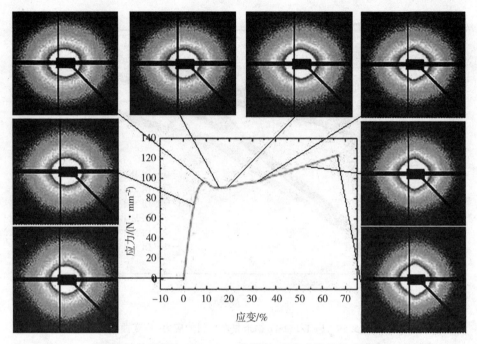

图 5.60　室温下拉伸过程中 DPM-1-1 的应力-应变曲线及其对应的 SAXS 图像

PET/PMMT 纳米复合材料的 SAXS 曲线如图 5.61 所示。从 SAXS 曲线可以看出,应变在 10% 以下时,散射强度没有明显变化。应变超过 10% 后,散射强度显著增加。说明在复合材料基体中形成了纳米孔洞并发生了晶体扭曲变形。90 ℃ 时在 $0.12\ nm^{-1} < q < 0.3\ nm^{-1}$ 范围内的散射强度比在室温下更强,这说明 90 ℃ 时复合材料内纳米孔洞和晶体的量大于室温时纳米孔洞和晶体的数量。结果表明,纳米孔洞和晶体成核的形成和生长强烈依赖于温度。其中插图表明在 $q = 0.5\ nm^{-1}$ 处 SAXS 存在散射肩。表明复合材料中纳米粒子之间存在干涉现象,纳米粒子间分布得非常紧密。图 5.61(a1、b1 和 c1)中随着 PMMT 含量的增加,散射肩逐渐减小。随着 PMMT 的增加,PET 基体结晶能力的降低与抑制有关。少量纳米级 PMMT 的引入对分子链的运动产生了阻碍,这将降低分子链结晶的趋势。

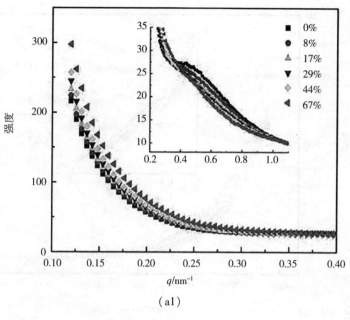

（a1）

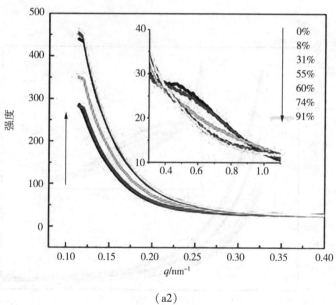

（a2）

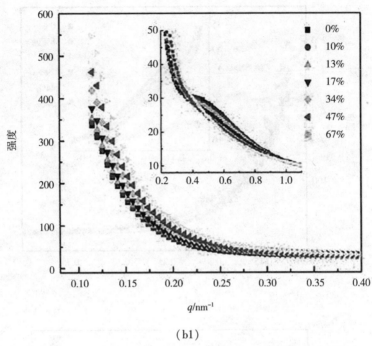

（b1）

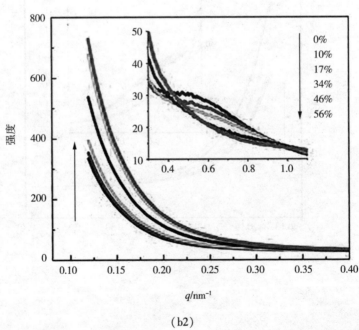

（b2）

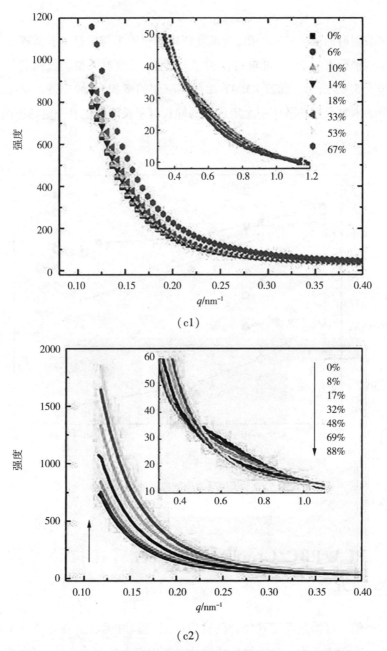

（c1）

（c2）

图 5.61 PET/PMMT 纳米复合材料在垂直方向上的 SAXS 强度曲线

（a1）（a2）DMP-1-0.3 在室温和 90 ℃下拉伸；（b1）（b2）DMP-1-0.5 在室温
和 90 ℃下拉伸；（c1）（c2）DMP-1-1 在室温和 90 ℃下拉伸

从散射肩的演化可以看出,纳米复合材料中纳米粒子具有长周期结构。长周期结构根据 $L = 2\pi/q$ 可求得,L 是长周期,q 是散射矢量。长周期与应变的关系如图 5.62 所示。随着 PMMT 含量和应变的增加,长周期逐渐减小。拉伸过程中纳米复合材料基体中无定形链的伸长对于长周期也有一定的影响。

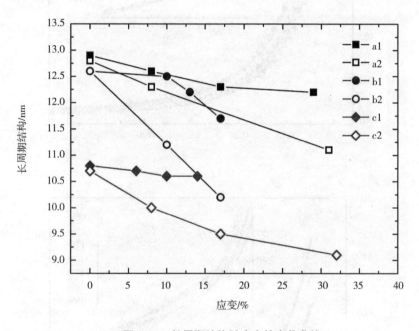

图 5.62　长周期结构随应变的变化曲线

5.7　PLA/PBC/Graphene 复合材料在拉伸过程中的 SAXS 研究

功能纳米纤维是由于其独特的性质(如抗菌和抗氧化)在生物技术和食品包装中具有很大潜力。静电纺丝纤维具有高比表面积和小孔隙,可防止细菌渗透。另外,排列良好的静电纺丝纤维具有各向异性,这对于电气、光学、机械、催化和生物医学应用非常重要。

聚乳酸(PLA)因其优异的生物相容性和生物降解性以及人体的高安全性被认为是组织工程中最有前途的聚合物之一。聚碳酸丁烯酯(PBC)也是很有前途的高性能环保型可生物降解塑料,并由于其链条的柔韧性而具有优异的抗冲击性和拉伸强度。为了进一步改善静电纺丝纤维的性能,可以在聚合物基体中添加一种或几种适当的纳米材料,其中石墨烯是一种广泛使用的纳米填料。图 5.63 显示了掺杂有 0.01 g 石墨烯的 PLA/PBC/Graphene 纳米纤维的 SEM 图像,可见样品比较均匀。

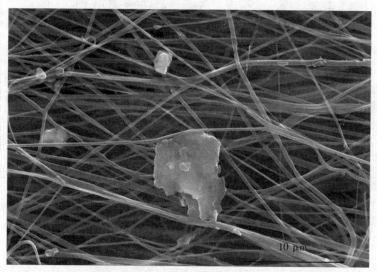

图 5.63　PLA/PBC-Graphene 复合材料的 SEM 图像

将 PLA/PBC/Graphene 复合材料的拉伸测试与原位 SAXS 实验相结合,研究了室温下拉伸过程中发生的纳米结构演变过程,得到包括散射强度、纳米孔洞、晶体和长周期等信息。使用 Linkam TST350 拉伸试验机进行应力-应变测试。拉力和拉伸速度分别为 200 N 和 10 $\mu m \cdot s^{-1}$。测试样品的尺寸为 35 mm×10 mm×0.3 mm。在 BSRF 的 1W2A 光束线站进行原位 SAXS 实验,入射 X 射线波长为 0.154 nm,存储环为 2.5 GeV,电流约为 200 mA,探测器到样品距离为1580 mm。

石墨烯含量会影响纳米复合纤维的力学性能和微观结构。图 5.64 为不同石墨烯含量的 PLA/PBC/Graphene 样品的应力-应变曲线。结果表明,随着石墨烯含量从 0.005 g 增加到 0.01 g,屈服应力显著增加。当石墨烯含量增加到 0.04 g 时,应力明显降低,说明过高的石墨烯含量降低了纳米复合纤维的延展性。

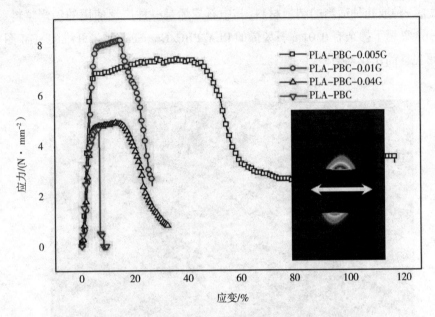

图 5.64 不同石墨烯含量的纳米纤维的应力-应变曲线,
插图是 SAXS 图像,白色双向箭头为拉伸方向

图 5.65 显示了不同纳米复合纤维材料在拉伸过程中的 SAXS 强度曲线。从 SAXS 曲线可以看出,在应变小于 6% 时,散射强度没有明显的变化,应力-应变曲线呈线性关系,这与复合纤维基体中不存在孔洞有关。当应变大于 6% 时,散射强度明显增加。这说明在拉伸过程中纳米孔洞和形变诱导晶体的形成使散射强度迅速增加。

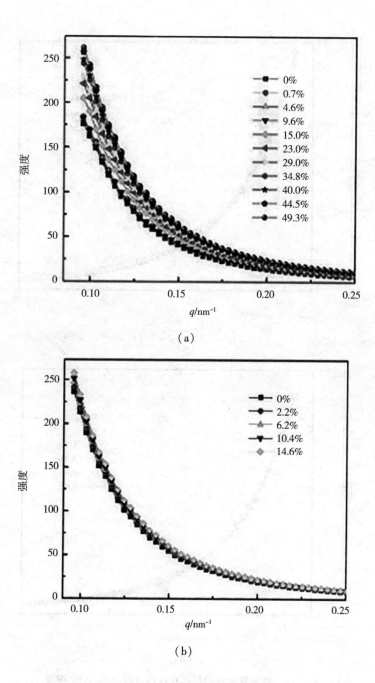

（a）

（b）

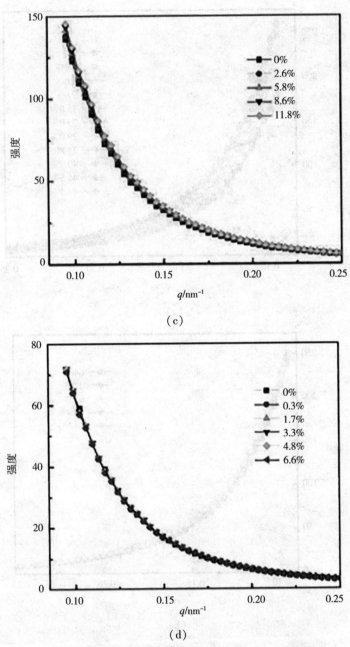

（c）

（d）

图 5.65　纳米复合纤维材料在拉伸过程中的 SAXS 强度

（a）PLA-PBC-0.005G；（b）PLA-PBC-0.01G；（c）PLA-PBC-0.04G；（d）PLA-PBC

　　纤维平均直径可以用 Guinier 方法进行近似分析。图 5.66 为在拉伸条件下纳米纤维在轴向上平均直径的变化。PLA-PBC-0.005G 和 PLA-PBC-0.01G 纳米纤维直径随应变略有减小。另外两种纳米纤维的直径几乎保持不变。平均直径的减小可归因于拉伸过程中无定形链的断裂。同时，直径的减小也说明形成了纳米孔洞。

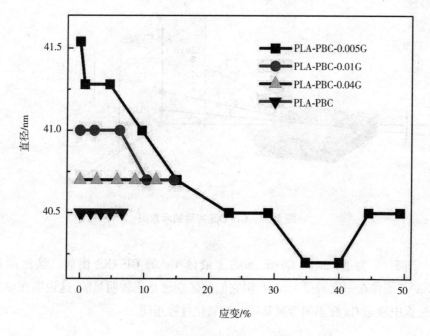

图 5.66　拉伸条件下纳米纤维直径随应变的变化

5.8　液态 Ga 在金属表面氧化行为的 GISAXS 研究

　　液态镓(Ga)由于其独特的物理、化学和机械性能而受到广泛研究。例如，通过低能电子衍射和同步辐射光电子能谱监测 Ga 的覆盖率和基底温度对 Si 表面 Ga 结构的影响。近年来，由于冶金腐蚀和半导体技术应用的重要性，金属 Ga 的氧化行为越来越受到关注。因此，液态 Ga 在金属表面上的化学稳定性对于液态 Ga 的应用至关重要。

在室温下,通过 FJL5600 磁控溅射系统在 Si 基底上沉积金属 Ni 或 Cu 薄膜上。在北京同步辐射装置的 1W2A 光束线上进行样品的 GISAXS 实验,入射 X 射线波长为 0.154 nm,存储环为 2.5 GeV,电流约为 200 mA,样品到探测器的距离为 5000 mm,Ga/Ni(Cu)/Si 样品表面的掠入射角 α_i 为 0.3°,如图 5.67 所示。在氧化过程中,样品从室温加热到大约 295 ℃,加热速率为 10 ℃·min^{-1}。

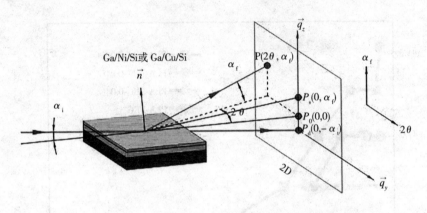

图 5.67   GISAXS 实验的示意图

图 5.68 为 Ni/Si 和 Cu/Si 基底上液体 Ga 的 GISAXS 图像。虽然两种 GISAXS 图像在一定程度上相似,但它们的区别还是比较明显的,这说明在热处理过程中液态 Ga 在不同金属基底上的氧化过程不同。

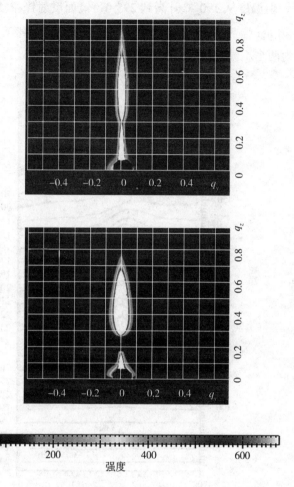

图 5.68　（a）150 ℃时 Ni/Si 基底上液态 Ga 的 GISAXS 图像；

（b）150 ℃时 Cu/Si 基底上液态 Ga 的 GISAXS 图像，图中网格单位为 0.1 nm^{-1}

　　不同热处理温度下 Ga/Ni/Si 样品在 $q_y = 0$ nm^{-1} 处的 GISAXS 强度曲线如图 5.69 所示。可以看出，在室温时出现一个宽的散射峰，其峰位在 $q_z \approx$ 0.42 nm^{-1} 或 $\Delta q_z \approx 0.21$ nm^{-1} 处。这个峰位与镜面反射的位置一致。因此，可以归因于镜面反射。镜面反射主要归因于液态 Ga 膜的弯曲表面和表面粗糙度。然而，镜面反射强度从 25~190 ℃逐渐增强，然后从 190~295 ℃逐渐减弱，直到消失。温度从 25 ℃升高到 190 ℃时，镜面反射峰位 Δq_z 从 0.21 nm^{-1} 移动到

0.25 nm^{-1}。但温度从 190 ℃ 升高到 295 ℃, 镜面反射锋位 Δq_z 仅从 0.25 nm^{-1} 移动到 0.26 nm^{-1}。镜面反射的强度和位置变化意味着液态 Ga 的氧化过程可以大致分为两个不同的阶段。

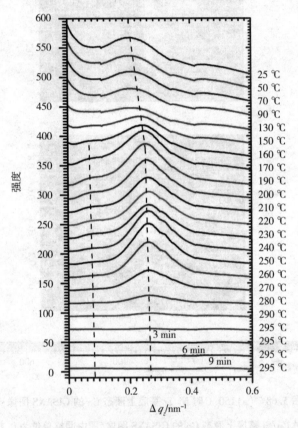

图 5.69　不同温度下 Ni/Si 基底上液态 Ga 在 $q_y = 0$ nm^{-1} 的 GISAXS 强度

　　在室温下暴露于氧气的液态 Ga 发生自发氧化, Ga 氧化物团簇在表面扩散并聚集, 在早期阶段形成越来越大的分形状团簇。液态 Ga 表面氧化的第一阶段可归因于氧化物团簇的形成和聚集。从 25~190 ℃ 的相对低温阶段, 越来越多的 Ga 氧化物团簇聚集在一起, 直到形成氧化层。在此阶段, Ga 氧化物团簇是多分散的, 没有有序排列。如果考虑到形成的 Ga 氧化物漂浮在液态 Ga 上并增加镜面反射的高度, 则表面高度的增量可以通过 $\Delta h = L \delta q_z / 4$ 近似估计, 其中

L 是样品到探测器的距离，δq_z 是镜面反射的位置偏移。对于约 0.04 nm^{-1} 的位置偏移，表面高度的评估增量约为 2.45 mm。这种增量是由漂浮在液态 Ga 上的氧化物团簇引起的，这是不合理的。因此，可以排除 Ga 氧化物团簇对镜面反射位置偏移的贡献。笔者认为，与液态 Ga 相比，固体状氧化物将具有更高的反射率。同时，液态 Ga 膜表面的氧化物覆盖面呈半月形弯曲，X 射线入射角逐渐增大，导致镜面峰位随温度升高而由 0.21 nm^{-1} 增大到 0.25 nm^{-1}。在第二阶段温度从 190 ℃ 升高到 295 ℃，氧化层已经达到饱和厚度。因此，在第二阶段开始时，镜面反射的强度和位置几乎保持不变。随着温度的进一步升高，散射强度降低，直至散射峰消失。这是因为液态 Ga 表面上的氧化层形成热屏障，从而抑制热量释放。液态 Ga 中的热量在很大程度上恶化了表面粗糙度，因此反射强度逐渐消失。

图 5.70 为不同温度的 Ga/Cu/Si 的 GISAXS 强度曲线。图 5.70(a) 为 Cu/Si 基底上液态 Ga 在 $q_y = 0$ nm^{-1} 处 GISAXS 图像的垂直方向强度。与 Ni/Si 基底上的液态 Ga 不同，在室温下两个散射峰位于 $q_z \approx 0.35$ nm^{-1} 和 0.42 nm^{-1} 或 $\Delta q_z \approx 0.14$ nm^{-1} 和 0.21 nm^{-1}。低 q_z 峰值随着温度的升高几乎没有变化，这可以归因于 Yoneda 峰。高 q_z 峰值显然可以归因于镜面反射。

随着温度从 25 ℃ 升高到 220 ℃，Ga/Cu/Si 样品中镜面反射峰位以线性方式从 0.21 nm^{-1} 增加到 0.28 nm^{-1}。镜面反射的位置变化也可以归因于液态 Ga 膜表面凸起引起的 X 射线入射角的增加。随着温度的升高，镜面峰位线性地向更高的 q 值移动，和在 Ga/Ni/Si 样品中呈现出两个不同的位置偏移阶段相比较，这清楚地说明了两个样品的氧化行为并不完全相同。

Ga/Cu/Si 样品镜面峰的强度随着温度升高而衰减。但散射强度在 130 ℃ 前略有减弱，在 130 ℃ 后发生急剧减小。这也可从图 5.70(b) 水平方向 ($q_z = 0.15$ nm^{-1}) 散射强度的变化趋势中发现。根据镜面峰的强度变化，Ga/Cu/Si 样品的氧化过程也可以分为两个阶段。在 25~130 ℃ 的第一阶段，在室温下 Ga/Cu/Si 样品表面的氧化层迅速覆盖样品表面，但氧化层和液态 Ga 表面的曲率会随着温度的升高而逐渐增加，这导致镜面峰位线性上移。在 130~290 ℃ 的第二阶段，较大的热量使表面和界面更加粗糙，镜面峰逐渐衰变消失。

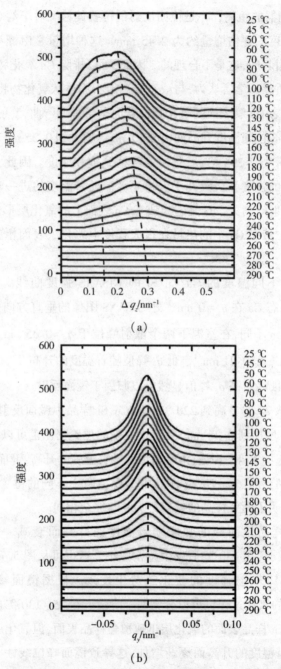

图 5.70　不同温度下 Cu/Si 基底上液态 Ga 在 $q_y = 0$ nm^{-1} 垂直方向(a)

和在 $q_z \approx 0.36$ nm^{-1} 水平方向(b)的 GISAXS 强度曲线

GISAXS 结果表明,液态 Ga 在 Ni/Si 和 Cu/Si 基底上的氧化行为是不相同的,主要区别在于初始氧化过程。对于 Ga/Ni/Si 样品,表面发生连续氧化,直到表面完全被氧化层覆盖。对于 Ga/Cu/Si 样品,表面发生快速氧化,并覆盖样品的整个表面。这种差异可能是由支撑液态 Ga 的不同金属基底引起的。Ga/Cu/Si 样品表面的氧化速度比 Ga/Ni/Si 表面的氧化速度更快,这表明 Ni 基底相比 Cu 基底不活跃,Cu 和 Ga 之间的相互作用比 Ni 和 Ga 之间的相互作用更容易。

5.9　SAXS 技术在锂离子电池方面的应用

5.9.1　CuO/GO 负极材料充放电的 SAXS 研究

CuO 纳米颗粒的形貌对于 CuO 纳米复合材料的电化学和物理化学性能有很大影响。例如,CuO 纳米针和氧化石墨烯(GO)复合材料可以用于去除有机染料中的有害离子。CuO 纳米片和 GO 复合材料对于甲基橙具有良好的降解速率。饱和负载小 CuO 纳米颗粒和 GO 复合材料表现出良好的非酶生物传感性能。橄榄形 CuO 纳米颗粒和 GO 复合材料在提高 N,N–二甲基甲酰胺中胺化反应的催化活性和选择性方面起着至关重要的作用。

CuO 具有 $674 \ mA \cdot h \cdot g^{-1}$ 的高理论容量、低毒性和低成本,已被广泛用作锂离子电池(LIB)的负极材料。CuO 在 LIB 充放电过程中电子导电性差,体积变化大,会导致严重的应力应变和容量快速衰减。CuO 作为负极材料的可逆电化学反应主要是 Cu 与 Cu_2O 之间的转化。此外,GO 具有高比表面积、二维层状结构和化学惰性等特点可以有效稳定 CuO 纳米颗粒,防止其聚集,增强 CuO 纳米颗粒的循环充放电性能。特别是 GO 纳米片的独特结构有望缓冲体积的剧烈变化并增强稳定性,从而提高 LIB 的电化学性能。

原位电化学同步辐射技术可以清晰、精确地研究 LIB 的正极或负极材料中的实时结构变化,如晶型转变、氧化态变化、固体电解质界面膜(SEI)的表征和锂化/去锂化过程中的锂枝晶生长机理。

在北京同步辐射装置的 4B9A 和 1W2A 光束线站上分别进行了原位电化学 XRD 和 SAXS 实验,波长为 0.154 nm,存储环为 2.5 GeV,电流约为 200 mA。采用 Mythen 探测器收集不同电位下的 XRD 强度,每次曝光时间为 60 s。Mar165 CCD 探测器用于 SAXS 测试,探测器到样品距离为 1530 mm。

　　CuO 形貌与其电化学循环稳定性之间存在很强的相关性。在反应釜中采用不同反应时间 30 min、90 min 和 510 min 分别制备了 3 种不同形貌的 CuO/GO 负极材料。图 5.71(a)为在 400 mA·g^{-1} 恒定电流密度下的循环性能曲线。可以看出,30 min 的 CuO/GO 纳米负极材料具有最好的充放电性能和容量。

　　如图 5.71(b)所示在 0.2 mA 电流下,从 3.15～0.8 V 首次放电过程中,通过原位 XRD 来研究 CuO/GO 负极材料的局部结构变化,同步辐射采用掠入射模式。图 5.72(a)表明在衍射角 70°～121°范围中可见一组衍射峰。以黑色方块标记,衍射峰位分别位于 74.2°、90.3°、115.3°、116.6°、117.9°和 120.1°,对应于 CuO 晶胞的(004)、(-131)、(-331)、(133)、(-511)和(224)晶面。在第一次放电过程(1.1 V 下降到 0.8 V)中,在 24.8°和 27.9°处出现新的中间相衍射峰(三角形为标记),新的中间相对应于 Li$_x$Cu$_y$O$_z$ 结构。在图 5.72(b)中显示出(-511)衍射峰向更高角度移动,这是由于在 CuO 晶格中插入了 Li$^+$(具有较小的离子半径)造成的。

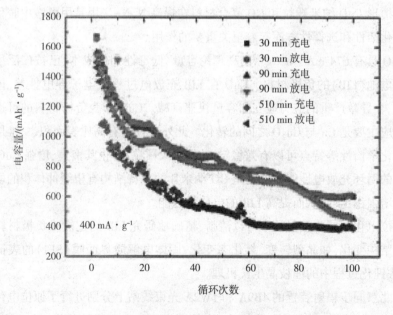

(a)

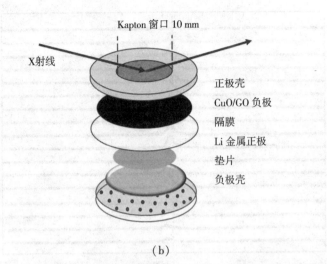

（b）

图 5.71　（a）在 400 mA · g^{-1} 恒流密度下不同 CuO/GO 负极材料的循环充放电性能；
（b）原位 XRD 测量电池测试系统示意图

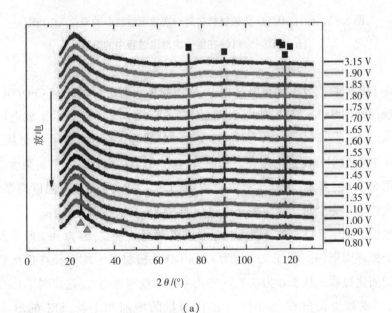

（a）

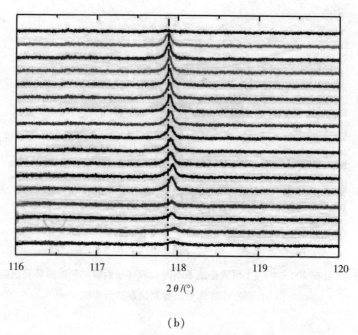

(b)

图 5.72　(a) CuO/GO 负极材料在第一次放电过程中的原位 XRD 图;
(b) CuO(-511)峰在第一次放电过程中的偏移

　　在 LIB 的首次放电和充电过程中,采用同步辐射透射模式对 CuO/GO 负极材料进行原位 SAXS 研究,如图 5.73(a)所示。图 5.73(b)显示了放电电流密度为 60 mA·g^{-1} 时从 3.0 V 到 0.02 V 的 SAXS 强度变化。随着电位从 3.0 V 降到 0.7 V,散射强度逐渐增强。然而,在 0.7~0.02 V 过程中,散射强度急剧下降。图 5.73(c)显示,在首次充电过程中(1.9~2.9 V),SAXS 强度略微增强。第一次放电不完全对于接下来充电过程的 SAXS 测试有很大影响。

　　原位电化学 SAXS 对于理解 SEI 形成机理至关重要,因为 SEI 形成发生在第一个循环周期内。图 5.73(d)为 CuO/GO 负极材料平均半径在首次放电过程中的演化过程。从 3.0 为 0.7 V,平均半径不规则地增大,这表明了 CuO 表面 SEI 的形成和生长过程,SEI 随着锂化剂量的增加而生长,SEI 的厚度约为 0.6 nm。随后,半径随着电位的降低而急剧减小。这说明从 0.7~0.02 V,SEI 出现一些裂纹,这些裂纹是由于 Li 的嵌入而产生的应力造成的。

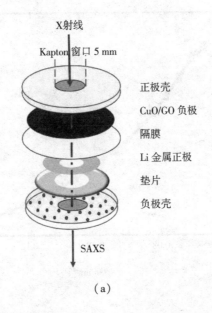

（a）

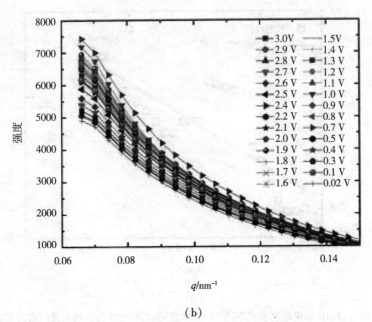

（b）

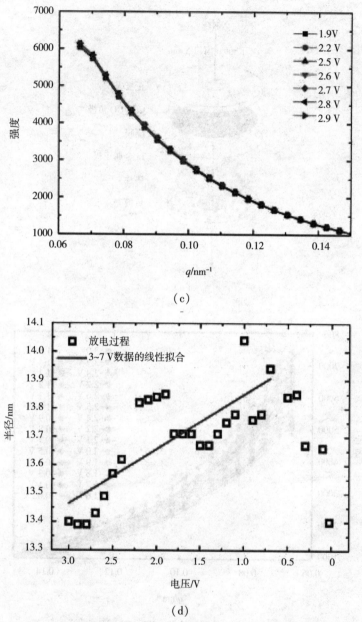

（c）

（d）

图 5.73　（a）LIB 采用透射模式下的 SAXS 示意图；CuO/GO 负极材料第一次放电（b）
和第一次充电（c）过程中的 SAXS 曲线；（d）CuO/GO 负极材料在首次放电过程中
散射粒子半径的变化

一些纳米粒子复合材料制备成了有机 Li 离子半电池并在充放电过程中进行了相应的原位同步辐射实验。针对不同的同步辐射技术,应该对于纽扣电池做不同的开口处理。透射模式主要应用于同步辐射常规 SAXS 测试、SAXS/WAXS 联测或 XAS 测试。掠入射模式主要应用于同步辐射 XRD 或 GISAXS 测试。

5.9.2　SnO_2-CA 负极材料充放电的 SAXS 研究

Sn 基氧化物具有较高的理论可逆容量(781 mAh·g^{-1})、低毒性和广泛的可用性,因此被认为是石墨的潜在替代品,但由于其在锂化和脱锂过程中具有较大的体积膨胀(约 300%),限制了其在 LIB 中的应用。SnO_2/C 基复合材料已被证明是延长 SnO_2 循环寿命的有效结构,因为 C 具有优良的导电性和天然的缓冲作用,有助于缓解 SnO_2 在充放电过程中的体积膨胀。碳凝胶(CA)是一种独特的纳米多孔碳材料,具有可调节的三维网络骨架结构,能够适应长时间电化学循环过程中严重的体积变化并能够减缓纳米颗粒的聚集。CA 的高比表面积、低质量密度、连续的孔隙、导电性和化学稳定性使其成为非常有前途的能源应用材料

在初始循环过程中,SnO_2 会发生不可逆的转化反应,形成金属 Sn 和 Li_2O,随后 Sn 与锂发生可逆的合金/脱合金化反应。在 Li 嵌入和脱出过程中,这些基体材料通常会发生较大的体积变化,导致材料的粉碎或聚集,形成不稳定的 SEI,从而导致容量迅速下降。纳米材料的电化学性能在很大程度上取决于它们在 LIB 中的尺寸、形状和结构。

将 SnO_2-CA 复合材料、乙炔黑和 PVDF 按照 $8:1:1$ 的质量比加入到适量的 NMP 溶剂中,在室温下搅拌形成均匀浆料,然后用四面涂膜器将浆料均匀涂在碳布上。干燥之后将电极切成直径为 12 mm 的圆片。

在氩气手套箱中,使用 CR-2032 纽扣电池组装成半电池。在半电池中,金属锂为对电极。在充放电过程中,电流密度为 100 mA·g^{-1},电位范围为 $0.01\sim3$ V。在电流密度分别为 50 mA·g^{-1}、100 mA·g^{-1}、200 mA·g^{-1}、400 mA·g^{-1} 的条件下研究了 Li 电池的倍率性能。在 BSRF 的 1W2A 光束线站进行 GISAXS 实验,存储环为 2.5 GeV,电流约为 200 mA,入射 X 线波长为

0.154 nm,掠入射角度为 0.5°,探测器与样品的距离为 5000 mm。

在电流密度为 100 mA·g^{-1},电压范围为 0.01~3 V 的条件下,研究了 CA、5SnO$_2$-CA、10SnO$_2$-CA、15SnO$_2$-CA 和 20SnO$_2$-CA 的循环性能,循环次数为 50 次,如图 5.74(a) 所示。在第一次循环过程中,所有样品都有不可逆容量的损失,这是由于电解液的分解和电极表面 SEI 膜的形成。在第二次循环后,所有电极都保持了良好的循环性能。第 50 次循环时,CA、5SnO$_2$-CA、10SnO$_2$-CA、15SnO$_2$-CA 和 20SnO$_2$-CA 负极的放电容量分别为 95 mAh·g^{-1}、246 mAh·g^{-1}、498 mAh·g^{-1}、362 mAh·g^{-1} 和 308 mAh·g^{-1}。与 CA 相比,SnO$_2$-CA 的电化学性能大大提高。SnO$_2$-CA 电极具有良好的循环稳定性和较强的倍率性能。10SnO$_2$-CA 电极的电化学性能最好。其中 15SnO$_2$-CA 和 20SnO$_2$-CA 的容量低于 10SnO$_2$-CA,这是由于随着 SnO$_2$ 纳米粒子增多,阻碍了 Li 离子通过孔结构进入反应位点。样品的倍率性能如图 5.74(b) 所示。随着电流密度从 50 mA·g^{-1} 增加到 400 mA·g^{-1},10SnO$_2$-CA 负极的可逆容量保持在 155 mAh·g^{-1},10SnO$_2$-CA 电极具有良好的循环稳定性和较强的倍率性能。

10SnO$_2$-CA 和 20SnO$_2$-CA 负极材料在第 1、10、20、30、40、50 次的循环充放电曲线如图 5.74(c) 和图 5.74(d) 所示。10SnO$_2$-CA 和 20SnO$_2$-CA 的初始放电容量分别为 840 mAh·g^{-1} 和 505 mAh·g^{-1}。第 1 次循环充电容量分别为 428 mAh·g^{-1} 和 235 mAh·g^{-1},充电效率分别为 51% 和 47%。在第 1 次充放电过程中,放电和充电之间的容量损失是由于第 1 次充放电过程中电极表面生成 SEI 膜造成的。经过 50 次循环后,10SnO$_2$-CA 和 20SnO$_2$-CA 的容量分别为 498 mAh·g^{-1} 和 308 mAh·g^{-1},分别保持其初始容量的 59% 和 61%。

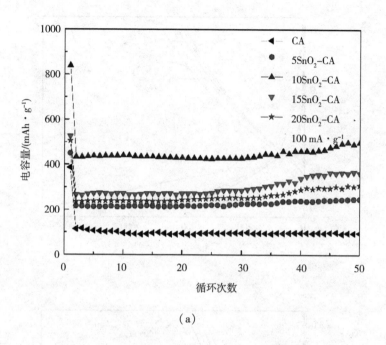

（a）

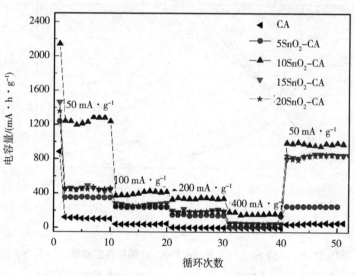

（b）

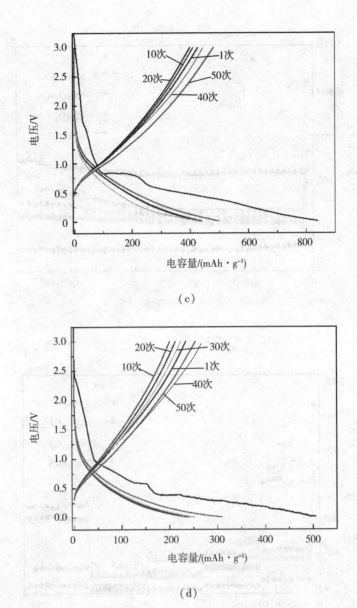

(c)

(d)

图 5.74 SnO₂ 含量不同的 SnO₂-CA 复合材料的(a)循环性能曲线;(b)倍率性能曲线;
(c)10SnO₂-CA 的充放电曲线;(d)20SnO₂-CA 的充放电曲线

　　为了更好地了解初始放电过程中电极/电解液表面处的颗粒演化,采用
SEM 研究了锂嵌入后的 SnO₂ 电极表面的微观结构演化。图 5.75(a)为第一次

放电前 20SnO$_2$-CA 负极的 SEM 图像。如图 5.75(b)所示,在经过第一次放电过程后,负极表面发生了显著变化,表面颗粒明显粉碎溶解,导致第一次充放电循环初始容量损失较大。

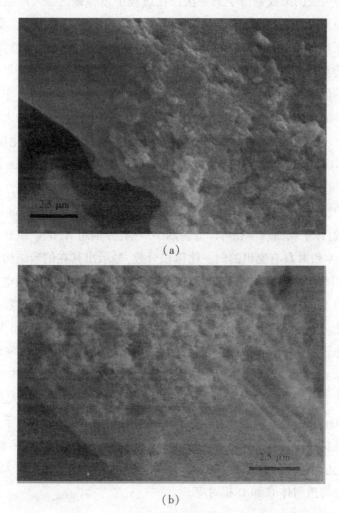

图 5.75　20SnO$_2$-CA 负极材料(a)放电前和(b)放电后的 SEM 图

　　为了获得更强的 SnO$_2$ 纳米粒子的散射强度,对 20SnO$_2$-CA 负极材料进行了原位电化学 GISAXS 测试。20SnO$_2$-CA 负极的 GISAXS 图像如图 5.76(a)所示。从 GISAXS 图像中直线部分提取散射强度数据绘制 GISAXS 强度曲线。图

5.76(c)显示了第一次放电过程中 20SnO$_2$-CA 负极材料的平均回转半径随电压的变化。回转半径在 2.70~1.03 V 范围内几乎没有变化。在电压从 1.03 下降到 0.30 V 的过程中,散射体的回转半径明显减小,这表明散射体出现了一些裂纹。这些裂纹的形成是由于第一次锂化过程中过多锂的插入产生内应力的结果。GISAXS 技术也被成功地用于研究纳米颗粒的大小和分布。如图 5.76(c)所示,采用逐级切线法得到散射强度的计算曲线与实验曲线拟合得很好。通过 TBT 得到的归一化体积分数和放电过程中 SnO$_2$ 纳米粒子回转半径的尺寸分布。归一化体积分数在 2.70~1.03 V 范围内,回转半径呈双峰分布。两峰分别位于 1.5 nm 和 20 nm 处。随着电压的降低,较小的 1.5 nm 峰增大并移动到 3.5 nm 处。这表明在第一次循环过程中体积变化与合金/脱合金化反应有关。但在 1.03~0.30 V 范围内,较大的 20 nm 处的峰消失,同时在 10 nm 处出现了一个肩峰。这个肩峰反映了在首次放电过程中散射体出现了相关性和高密度性。肩峰的出现过程与散射体或散射面积的增加有关。从图 5.77(b)可以看出,多级散射体平均回转半径可以分为四个级别,分别用 A、B、C 和 D 表示。显然,散射体 A 和 B 具有突出的归一化体积分数,显示出其在纳米结构中的重要性。图 5.77(c)中(A~D)分别显示出了多级散射体的物理直径随电压的变化过程。从图 5.77(c)可以看出,散射体 A、B、C、D 在第一次放电过程中均发生了显著变化。散射体 A、C 和 D 的直径几乎在整个放电过程中呈增大趋势,表现为体积膨胀。众所周知,基体中存在大量由 CA 和纳米 SnO$_2$ 紧密堆积的孔隙。散射体 A 的大小与孔隙的大小接近,散射体 A 可以认为是基体中的孔隙。在电压从 2.70 V 下降到 1.03 V 的过程中,散射体 B 的尺寸不断增大;但在电压下降到 1.03 V 后,尺寸明显减小。因此,散射体 B 是 SnO$_2$ 纳米粒子。我们也注意到负极材料中含有更广泛的多级散射体的贡献,包括间隙、纳米粒子、纳米孔和空腔,甚至还有部分超出 GISAXS 测量范围的散射体。这些较大尺寸的纳米孔或空腔与散射体 C 和 D 相对应。

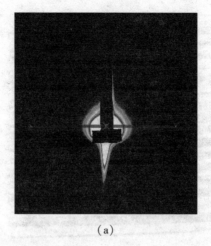

（a）

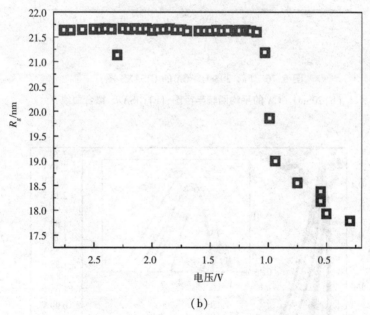

（b）

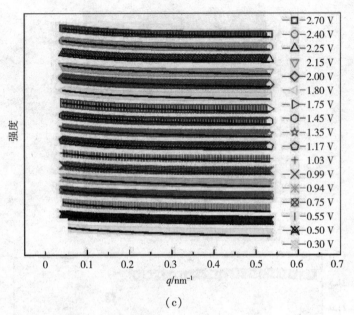

（c）

图 5.76　（a）$20SnO_2$-CA 的 GISAXS 图；

（b）$20SnO_2$-CA 的平均回转半径图；（c）GISAXS 拟合曲线

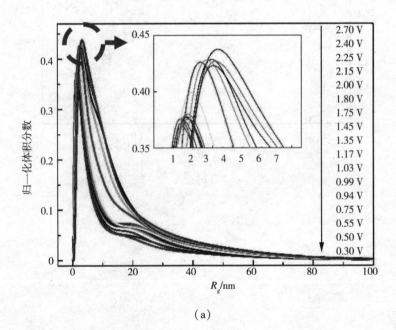

（a）

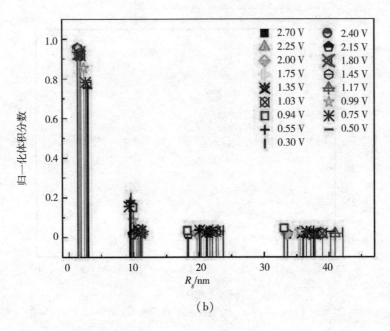

（b）

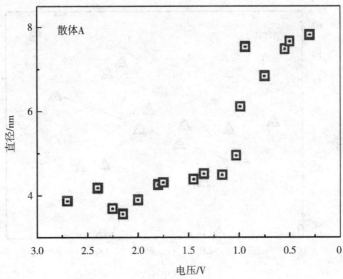

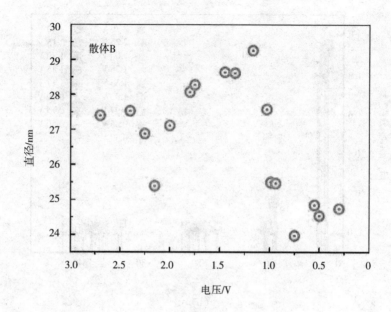

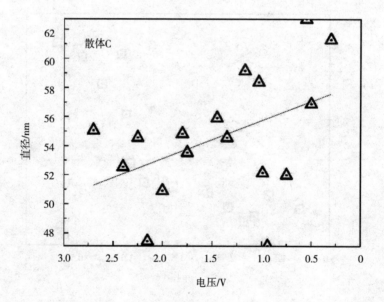

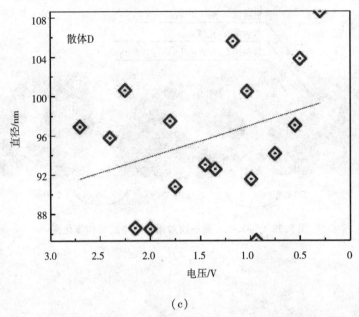

（c）

图 5.77　（a）归一化体积分数；（b）尺寸分布；（c）散射体直径变化图

　　如图 5.78 为 SnO_2-CA 负极材料在第一次放电过程中电化学反应过程的示意图模型。CA 和 SnO_2（散射体 B，27 nm）可以紧密地堆积在一起形成基体。其间孔隙（散射体 A，4 nm）分布在基体中。同时，一些纳米孔或空腔（散射体 C 和 D，分别为 54 nm 和 96 nm）随机嵌入到基体中。在第一次锂化电压从 2.70 V 降低到 1.03 V 的过程中，散射体 B 的体积随着锂离子的扩散而逐渐增大，散射体 B 的体积膨胀也间接说明了散射体 A 的膨胀过程。随着电压从 1.03 V 降低到 0.30 V，散射体 B 出现一些裂缝，导致负极材料骨架结构的变化和散射体尺寸的减小，这些裂纹是由于锂剂量增加引起内应力而产生的。

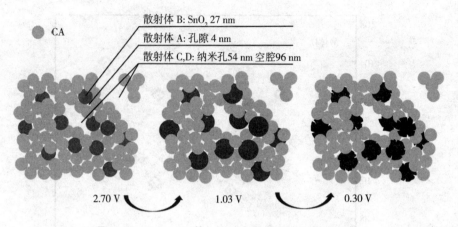

图 5.78　SnO$_2$-CA 第一次放电过程中的结构演化图

参考文献

[1]冼鼎昌. 北京同步辐射装置及其应用[M]. 南宁:广西科学技术出版社,2006.

[2]TERNOV I M. Synchrotron radiation[M]. Physics—Uspekhi, 1995.

[3]TIAN F, LI X Y MIAO X R, et al. Small angle X—ray scattering beamline at SSRF[J]. Nuclear Science and Techniques, 2015, 26:030101.

[4]LI T, SENESI A J, LEE B. Small Angle X—ray Scattering for Nanoparticle Research[J]. Chemical Reviews, 2016, 116(18): 11128—11180.

[5]MACFARLANE R J, LEE B, JONES M R, et al. Nanoparticle superlattice engineering with DNA[J]. Science, 2011, 334:204—208.

[6]REN Y, ZUO X B. Synchrotron X—ray and Neutron diffraction, total scattering, and small—angle scattering techniques for rechargeable battery research[J]. Small Methods, 2018, 8(2): 1800064.

[7]DOU X W, HASA I, SAUREL D, et al. Hard carbons for sodium—ion batteries: Structure, analysis, sustainability, and electrochemistry[J]. Materials Today, 2019, 23: 87—104.

[8]SUN Y G. Anomalous small—angle X—ray scattering for materials chemistry[J]. Trends in Chemistry, 2021, 3(12): 1045—1060.

[9]GOERIGK G, HUBER K, MATTERN N, et al. Quantitative anomalous small—angle X—ray scattering—The determination of chemical concentrations in nano—scaled phases[J]. European Physical Journal—Special Topics, 2012, 208(1): 259—274.

[10]WASEDA Y. Anomalous X—Ray Scattering for Materials Characterization: a-

tomic scale structure determination[M]. Springer, 2002.

[11]RENAUD G, LAZZARI R, LEROY F. Probing surface and interface morphology with Grazing Incidence Small Angle X-Ray Scattering[J]. Surface Science Reports, 2009 64(8):255-380.

[12]RAUSCHER M, PANIAGO R, METZGER H, et al. Grazing incidence small angle x-ray scattering from free-standing nanostructures[J]. Journal of Applied Physics, 1999, 86(12):6763-6769.

[13] ROTH S V, MüLLER-BUSCHBAUM P, BURGHAMMER M, et al. Microbeam grazing incidence small angle X-ray scattering-a new method to investigate heterogeneous thin films and multilayers[J]. Spectrochimica Acta Part B, 2004, 59(10):1765-1773.

[14]BULJAN M, SALAMON K, DUBCEK P. et al. Analysis of 2D GISAXS patterns obtained on semiconductor nanocrystals[J]. Vacuum, 2003, 71(1-2): 65-70.

[15]SMITH D K, GOODFELLOW B, SMILGIES D, et al. Self-Assembled Simple Hexagonal AB(2) Binary Nanocrystal Superlattices: SEM, GISAXS, and Defects[J]. Journal of the American Chemical Society, 2009, 131 (8): 3281-3290.

[16]VARTANYANTS I A, ZOZULYA A V, MUNDBOTH K, et al. Crystal truncation planes revealed by three-dimensional reconstruction of reciprocal space [J]. Physical Review B, 2008, 77(11):789-797.

[17]JEDRECY N, RENAUD G, LAZZARI R, et al. Flat-top silver nanocrystals on the two polar faces of ZnO: An all angle x-ray scattering investigation[J]. Physical Review B, 2005, 72:045430-045443.

[18]ULYANENKOV A. Novel methods and universal software for HRXRD, XRR and GISAXS data interpretation[J]. Applied Surface Science, 2006, 253(1): 106-111.

[19]BARKAS W W. Measurement of the cell-space ratio in wood by a photoelectric method[J]. Nature, 1932, 130: 699-700.

[20]CHRISTENSEN G N. Sorption and Swelling within Wood Cell Walls[J]. Na-

ture, 1967, 213(5078):782-784.

[21] GLATTER O, KRATKY O. Small Angle X-ray Scattering[M]. Academic Press: New York, 1982.

[22] JAKOB H F, FRATZL P, TSCHEGG S E. Size and Arrangement of Elementary Cellulose Fibrils in Wood Cells: A Small-Angle X-Ray Scattering Study of Picea abies[J]. Journal of Structural Biology, 1994, 113(1): 13-22.

[23] JAKOB H F, FENGEL D, TSCHEGG S E, et al. Hydration Dependence of the Wood-Cell Wall Structure in Picea abies: A Small-Angle X-ray Scattering Study[J]. Macromolecules, 1996, 29(26): 8435-8440.

[24] FRATZL P, JAKOB H F, RINNERTHALER S, et al. Position-Resolved Small-Angle X-ray Scattering of Complex Biological Materials[J]. Journal of Applied Crystallography, 1997, 30(5): 765-769.

[25] 王维, 陈兴, 蔡泉, 等. 小角X射线散射(SAXS)数据分析程序SAXS1.0[J]. 核技术, 2007, 30(7): 571-575.

[26] DESHPANDE A S, BURGERT I, PARIS O. Hierarchically Structured Ceramics by High-Precision Nanoparticle Casting of Wood[J]. Small, 2006, 2(8-9): 994-998.

[27] FAHLÉN J, SALMÉN L. Pore and Matrix Distribution in the Fiber Wall Revealed by Atomic Force Microscopy and Image Analysis[J]. Biomacromolecules, 2005, 6(1): 433-438.

[28] BENFIELD R E, DORE J C, GRANDJEAN D, et al. Structural studies of metallic nanowires with synchrotron radiation[J]. Journal of Alloys and Compounds, 2004, 362(11): 48-55.

[29] VYACHESLAVOV A S, ELISEEV A A, LUKASHIN AV, et al. Ordered cobalt nanowires in mesoporous aluminosilicate[J]. Materials Science and Engineering C, 2007, 27: 1411-1414.

[30] MO G, CAI Q, JIANG L S, et al. Thermal expansion behavior study of Co nanowire array with in situ x-ray diffraction and x-ray absorption fine structure techniques[J]. Applied Physics Letters, 2008, 93(17):171912-171914.

[31] LAZZARI R, LEROY F, RENAUD G. Self-similarity during growth of the

Au/TiO$_2$(110) model catalyst as seen by the scattering of X-rays at grazing-angle incidence[J]. Physical Review B, 2007, 76: 125411-125424.

[32] CHENG W D, HE H L, LIU X X, et al. The study on nanostructural evolution of CuO/Graphene oxide nanocomposite during the first discharge processes[J]. Materials Chemistry and Physics, 2021, 260(8):124157.

[33] WANG X X, LIU X X, Liu Y F, et al. The study on nanostructural evolution of SnO$_2$-carbon aerogel nanocomposite during the first discharge process[J]. Journal of Physics and Chemistry of Solids, 2021, 154(48):110052.

[34] 孟昭富. 小角 X 射线散射理论及应用[M]. 长春:吉林科学技术出版社, 1996.

[35] 朱育平. 小角 X 射线散射-理论、测试、计算及应用[M]. 北京:国家图书馆出版社, 2008.